# 海から見た日本の防衛

対馬海峡の戦史に学ぶ

松村 劭
*Matsumura Tsutomu*

PHP新書

# 海から見た日本の防衛——対馬海峡の戦史に学ぶ　目次

## 第一章　今、なぜ対馬海峡か

## 第二章　対馬海峡の戦跡(1)――四世紀から十六世紀まで

## 第四章 対馬海峡の戦跡(3)――アジアを狙うシー・ライオン

## 第五章　二十一世紀の国防戦略

第一章

# 今、なぜ対馬海峡か

対馬と対馬海峡（李承晩ライン）

# 1 朝鮮半島といかに向き合うか

## 経済援助では消えない「怨恨」

第二次世界大戦が終わる直前の一九四五年八月八日、ソ連は暖かい海を目指し、日ソ不可侵条約を踏みにじって満州に侵攻し、朝鮮半島に雪崩込んだ。米軍も朝鮮半島を占領し、米ソは三八度線で半島を二分して軍政を敷くこととなった。一九四八年、南北朝鮮は、それぞれ独立を宣言する。南北朝鮮とも、政権は国民統合のために〝反日〟をスローガンにした。韓民族は「怨恨」をエネルギーにする民族である。その「怨恨」を対馬海峡の対岸に投げつけた。そうしなければ政権が国民を統治できなかったのだ。

一九四九年、北京に共産党政権が誕生したため、中国大陸に足場を失った米国にとって韓国は重要であった。ソ連に暖かい海への出口を与えまいとするのは、大陸国家を封じ込めるための英・米の執念の政策である。大陸国家であるソ・中の政策と、海洋国家である米・英の政策が朝鮮半島で激突したのだ。一九五〇年、北朝鮮は韓国に奇襲侵攻し、朝鮮戦争が勃発する。

一九五二年一月十八日、朝鮮戦争の最中に韓国大統領李承晩《イスンマン》は、国際法を無視する「一方的宣言」により、対馬海峡の日本領海ギリギリに「李承晩ライン」を設定して一切の日本船舶を締め出し、一九五三年二月四日には、日本漁船を銃撃して漁船員を射殺した。以来、南北朝鮮は歴史まで歪曲して「反日教育」を徹底している。対馬海峡は敗戦から一九六五年までの二十年間、日本と大陸の交流を遮断した壁であった。

日韓基本条約の締結（一九六五年）で李承晩ラインが消え、日本は韓国に対して多大な経済支援を行なった。韓国は後進国から先進国への仲間入りを果たした。しかし、韓国人の反日感情は少しもおさまらなかった。

〝怨念〟と〝欲望〟が「戦争の卵」なら〝欲望〟は経済援助で消せるかもしれないが、〝怨念〟を消す手段・方法はない。日本が朝鮮半島を併合している間、一度として朝鮮半島の経営に黒字はなかった。それに加えて、戦後に膨大な無償経済援助を行なった。それでも、韓国人は表向きは別として反日の塊である。友好と尊敬は経済協力では得られないという教訓であろう。

まして今日、北朝鮮の金正日《キムジョンイル》にとっては、政権維持のため反米・反日は都合のよい道具である。

## 米国と韓国の判断のズレ

二〇〇二年、米国のブッシュ大統領はイラク、イラン、北朝鮮の三つの政権を「ならずもの国家」と名指して「悪の枢軸」と呼んだ。

二〇〇二年九月十七日、平壌《ピョンヤン》において日朝国交交渉の再開を図るため小泉首相と金正日総書記の会談が行なわれた。席上、金正日は北朝鮮による日本人拉致の事実を認めた。

北朝鮮のこれまでを振り返ってみよう。一九五〇年、金日成《キムイルソン》は朝鮮半島を軍事力で統一しようとして予期しない米国の介入に遭い、失敗した。彼の独裁政治体制は孤立していた。一九九四年、金日成が亡くなるとその三年後、金正日が国家主席に就任した。金正日は軍事優先の政策（先軍政治）をとり、金日成よりもさらに異常な独裁を続けている。朝鮮半島は実に半世紀の間、一九八九年に冷戦構造が崩壊したのちも、休戦線に北朝鮮軍と国連軍が戦闘態勢で対峙してきた。

北朝鮮の金正日は小泉首相と平壌で会見し、日本人拉致の事実を認めるという失敗をしたあと、ソ連の支援によって設置した黒鉛減速型原子力発電所の再稼働を公然と宣言し、核拡散防止条約からの脱退を宣言して核兵器の保有を表明した。

一方、ブッシュ大統領は、イラクのフセイン政権はイラク国家という体に寄生した悪性腫瘍

（ガン）だと診断し、もはや投薬治療（経済援助や経済封鎖）などの内科療法で治癒させることは不可能と判断した。つまり、イラクが死んでしまわないうちにすみやかに外科手術（武力行使）によって切り取ることが必要なのだという認識を示したのである。そして二〇〇三年三月二十日、イラクに対して戦争を開始し、五月二日（日本時間）、実質的に勝利を宣言した。

ブッシュ大統領は、日本と韓国に対して間違いなく、

「金正日政権を延命させて交渉相手とするのか、それとも打倒するのか」

と外交の基本方針を求めているのだ。これに対して韓国の前大統領金大中《キムデジュン》も新大統領盧武鉉《ノムヒョン》も、いくつかの選択肢のうち、〝悪い〟と〝もっと悪い〟の中から、〝悪い〟を選択した。すなわち、戦争によって朝鮮半島の南半分が戦場になる〝もっと悪い〟より、北朝鮮に金正日ガンを残す〝悪い〟を選択するというのである。

太陽政策と強硬政策において、北朝鮮と韓国が失うであろう貴重な人命を比較計算すれば、韓国の新大統領・盧武鉉が選択した〝悪い〟政策は〝もっと悪い〟政策より、北朝鮮の人命の損失がより多い選択となる。

この選択の戦略的意味は深い。しかし、米国や日本の感覚では理解できないかもしれない。

## 韓国の北朝鮮観

盧武鉉が大統領就任演説で、

「韓国は北東アジアの中心国家になるのだ」

と高らかにヴィジョンを掲げたが、その意味をよく吟味してみる必要がある。

彼と彼を支援した若者たちは、「北朝鮮には異常な政権があるが、同胞国家である」として、「敵国」という認識から一八〇度転換した。その対北朝鮮政策は、「対話によって朝鮮半島の平和を維持する」ことで金正日政権を対話の相手としている。この背景には、韓国軍のほうが北朝鮮軍より強力だという自信と「北朝鮮の核ミサイル開発を黙認してもよいではないか、彼らの射撃目標は韓国ではない」という潜在的な認識がある。

「血は水よりも濃い」とする韓国民は、冷戦が終わって米国が韓国に駐兵している理由が変化しつつあることを本能的に感じている。現在の米国が韓国に駐留している理由は、韓国の防衛ではなく朝鮮半島の現状維持であり、北朝鮮の核開発を防止することである。米国は、韓国が独力で北朝鮮に対抗できる十分な軍事力をもっていることも承知している。米国にとって北朝鮮に陸上侵攻する利益は何もない。

盧武鉉大統領を支持した多くは韓国の若い人々であった。その人たちは、米軍にひき殺された二人の女子中学生の悲劇に遭い、「米軍帰れ！」と叫んだ。盧武鉉大統領は、米国が金正日政権を打倒しようとする態度に内心では反発している。そのことに間違いはない。彼は、米朝関係の対立が朝鮮半島に戦争をもち込みかねないと恐れているのだ。米韓関係は、表面上とは裏腹にギクシャクしたものになる公算が大きい。

そこで、韓国に対して影響力を維持したい米国は、韓国の大統領の意向と韓国世論を考慮し、在韓米陸軍を撤退させる案を選択する公算がきわめて大きい。米国が在韓陸軍を撤退させれば、北東アジアにおいて対馬海峡が大陸勢力と海洋勢力の覇権境界になることは歴史が教えるとおりである。米陸軍の朝鮮半島撤退問題は過去にも何度か議論された。そのたびに、韓国と日本の陰からの要請によって米国は撤退を中止してきた。しかし、冷戦が終わった今、韓国も日本も米国に在韓米陸軍の駐留を要請する口実は消えた。

北朝鮮の核兵器保有を嫌うのは米国だけではない。隣国である中国とロシアも嫌う。英、仏の核保有国も嫌う。だからこの問題は核保有国が対処すべきである。今のところ、日本には出る幕も力もない。日本は、対核ミサイル脅威を排除する防衛戦略を立て、その実行手段を着実に整備するまで待たなければならない。

## 拉致テロのもつ意味

一方、「拉致テロ」問題は、基本的に日本自身の問題である。したがって、日本政府は「日本国が北朝鮮に対して何をするか」を決定し、その成功を容易にするために、補助手段として、国連や韓国、中国、ロシア、米国の応援を得るように〝主導的に行動〟しなければならない。他国はみずから助けるものを援助する。外国に全面的に解決を依存する「他力本願」主義の国を助けはしない。

拉致された家族の人々は、子供たちが北朝鮮に置き去りにされ、見捨てられた状態にあるにもかかわらず、日本政府に対して対北朝鮮「強硬」政策を求めている。拉致された人々の家族の要求は、日本が強硬政策に出れば、拉致者の存在を隠すために金正日が拉致した日本人を殺すだろうということも覚悟したものであることは容易に推察できる。その心情はせっぱ詰まったもので、

「眼の黒いうちに解決の光を！」

の血を吐くような思いが出ている。日本政府は「決断」を迫られている。だが、決断できない理由がある。それは〝話し合いがつかない問題〟が国際社会に存在すると認めることに躊躇《ちゅうちょ》しつづけてきたことである。政治家も官僚も、

「話し合いで解決できないときは？」

という質問に答えないのだ。それは、どうしても話し合いで解決できないときは、「金」を支払って問題の解決を先送りするしか手段をもたなかったし、それより先を考えたくなかったのだ。だから外交官や政治家は、拉致問題を解決するのには北朝鮮に対し、経済援助（身代金）する方法しか考えられないという潜在意識をもつことになる。ところが身代金を支払っても拉致された人々が帰ってこないことを予想している世論は、「国民の税金をドブに捨てるような身代金の支払い」を許さない。太平の夢に眠っていた日本人は拉致というテロによって目覚めつつある。

韓国は、日本が拉致テロのために金正日政権打倒という基本態度を取ることには反対する。まして、日本が北朝鮮に敵国としての態度を示せば、内心不愉快で心情的には北朝鮮側に立つ。韓国が不機嫌になることを恐れて、日本が北朝鮮に対して強硬路線をとれずに全方位友好外交を続けるなら、北朝鮮に拉致された日本人は国家から見捨てられることになるだろう。

## 役立たない日米安保条約

北朝鮮が日本に与えた「拉致」と「核ミサイル」という二つのショックに対して、日米安保条約による解決を期待することはできない。

日米安保条約のどこにも、このような問題解決のために米国が日本を支援するなどと取り決められてはいないのだ。そもそも旧日米安保は、米国が日本に軍事基地を保有することと日本を軽武装の国家に止めおくことが目的であった。いわゆる「ビンの蓋」（日本をビンの中に閉じ込めて二度と国際政治力をもたせない）政策である。旧安保条約によれば、米国に日本防衛の義務はない。当時の米軍の任務は在日米軍基地の防御であった。

現在の安保条約には、第五条「共同防衛」が設けられたが、それは、「日本国の施政の下にある領域における、いずれか一方に対する武力攻撃」が適用の対象である。もちろん、現実に施政の下にない竹島も北方四島も含まない。端的に言えば、日本が戦場になって火の海になり、国民が殺されたときに初めて米軍が力を貸すということだ。これは日本が防衛に失敗したときにしか効果のない条約である。

それどころか、現在の日米安保条約にも、旧安保条約の精神を継承して作成された経緯から、米国の対日「ビンの蓋」政策が生きている。

「同盟国は巧みに利用すれば頼もしい友人であるが、同時にフランスの自由と独立を制限しようとする悪意ある友人である」

と言うド・ゴール元フランス大統領の名言のとおり、日米安保条約は国際政治の舞台において、日本を属国に止めおく「保護条約」なのだ。

米国の安保条約履行の実例を示そう。蔣介石軍が台湾に逃げ込んだとき、米国は太平洋における制海権を維持するために、台湾を中共軍に渡す気はなかった。そこで蔣介石の要請に応じて、米・中華民国相互防衛援助条約を締結した。米国は、台湾の要望を無視してこの条約の適用範囲を台湾本島と膨湖島に限定し、かつ、蔣介石軍の大陸反攻には適用しないとして国府の独立と自由を制限した。

これで、中華民国の施政の下にあった金門島《きんもんとう》・馬祖島《ばそとう》・大胅島《だいちんとう》は条約の適用除外になってしまった。すかさず中共軍は、この三島を占領するため大規模な航空攻撃を開始した。米軍は指一本動かさず、台湾を助けようとはしなかった。蔣介石の国府空軍がバトル・オブ・ブリテン（第二次世界大戦でのイギリスとドイツの大航空戦）以上の航空戦を戦い抜いて、「独力で防御」したのだ。

北朝鮮の拉致テロは、米国にとって安全保障への脅威は小さい。したがって、米国は基本的には日本に対して〝自分で解決すべき問題だ〟と考えるだろう。北朝鮮が太平の夢を見て安眠していた日本に投げかけたショックは、結局、国連も日米安保条約もロシアも中国も韓国も誰も解決してはくれない。日本自身が〝自力で解決〟しなければならないのだ。それでこそ独立国である。

それではどうするか？　その解決策を見出すためには、朝鮮半島が日本の安全に投げかけてきた脅威に、日本がいかに対応してきたかを歴史に学ぶことである。そしてその場所は、対馬海峡にほかならない。

# 2 海洋国家と大陸国家

## 海洋国家の再建

よく晴れた穏やかな日に、黒潮の流れる太平洋から大陸を見ればどのように見えるだろうか？　水平線に浮かぶ陸地は山並みと海岸の岩壁の連なりで、その奥地は別世界に思われよう。ところどころに砂浜が見えると、海の世界から陸地の世界に入る玄関を見たようでほっとする。入江の両側には山が見えるが、その奥は定かでない。陸地近くを航行しているとき、海の色が濁れば河口の近くだろう。

おそるおそる入江に入っていくと、行き止まりに漁村や港町が見える。ときにはとめどなく入江の奥が深く、ついにはふたたび開けた海洋に抜ける。海峡だ。

そのような情景に見える大陸の国々に対して、島国が主導権を握りながら国家の独立と安全、繁栄と尊厳を達成するためには、どんなセンスの国家戦略が必要なのか？

日本は島国である。多くの日本人は「日本は海洋国家」と言うが、海洋国家としての歴史的経験はきわめて浅い。日本は食糧を自給自足できた国家で、海洋貿易に生存と繁栄を依存する必要はなかったから、明治維新まで海洋国家といえる経験をもたなかった。日本人は農耕民族だったのだ。東南アジアの国々と活発に交流し、海洋民族のセンスを育ててきたとはとてもいえない。

明治から昭和まで、日本軍の近代化は「和魂洋才」のかけ声で行なわれたが、陸軍は大陸の陸軍国フランスやドイツから学び、中国や日本の戦史にいそしんだ。海軍は主として海洋国家の英国海軍から軍事理論を学んだ。陸軍と海軍の戦略が合致しないのは当然である。

二十世紀の前半に、日本は第二次世界大戦のうち、太平洋戦争とアジア大陸での戦争を同時に戦った。同質の二正面作戦でも勝てることは少ないのに、異質の二正面作戦では勝てるわけがない。

第二次世界大戦に無条件降伏した日本は、大戦前の日本の領域だけでなく、台湾と千島列島および樺太、朝鮮半島を列国からむしり取られて戦国時代末期の領土になってしまった。そしてすぐに冷戦構造に閉じ込められた。

東西対立の枠組みの中で、日本は国際政治のステージではなんの独自のセリフも言えなかった。それは今も同じである。軍事力がないので、世界のパワーポリティックスの舞台での出番はない。

日本ができることは、産業・経済の分野だけだった。それに、「戦争（軍隊）は悪だ」という敗戦症候群にかかってしまった。当然、国際政治の「陣取り合戦」と「軍事力の均衡」は、戦後の日本人にとって「必要のない思考・知識」だった。日本人は「損か、得か」の経済的視座からのみ世界を眺め、行動する癖が身についてしまった。

ところが冷戦が終わり、戦争と平和に関する国連の役割が麻痺して、世界秩序の構造は、「海洋国家と大陸国家の陣取り合戦」に移りつつある。海洋国家の中心は米国であり、大西洋の東の端に英国、ポルトガル、スペインがあり、太平洋の西端に日本と台湾がある。

大陸国家には三つの核がある。欧州連合陣営、ロシア陣営、中国陣営である。

当然、日本の政治家・官僚のみならず経済人も、国際情勢をパワーポリティックスの視座から判断しなければならない時代になったのだ。つまり、これは精強な軍事力なくしてパワーゲームに参加できないという世界の常識を率直に認めることでもある。日本の周辺で発生している事態に対し、日本が独立国家として先制主導的に国際政策を進めるには、「国家戦略」をもっていることが必要になったのだ。

二十一世紀にあたり、日本は海洋国家としてもう一度出直すことが不可欠である。黒潮と対馬海流から大陸を見ながら……。

## 海洋都市とシーマンシップ

河口まで水量が豊かで変化が少なく、水流が穏やかな河川は、海から物資を運び入れたり、河川流域の豊かな産物を海上に運び出すのに便利である。そのような河川の下流部に物資の集積が容易な陸上交通路があれば、そこに市が立つ。それがやがて大都市に発展した。これらを仮に「海洋（貿易）都市」と呼ぼう。たとえばロンドン、ローマ、カイロ、ロッテルダムである。フランス、ドイツ、ロシア、中国などの大陸国家は、海外と交易しなくても大陸内交易で生存と繁栄を維持してきた。だからほとんど海洋都市をもたない。

日本もまた気象に恵まれ、国内の産物だけで生存することができた。瀬戸内海の人々は、内海交易を楽しんだが、外洋交易に生存を依存したわけではない。薩摩藩は北方を山地で遮られてわずかな陸上交通路しかなかったが、藩内で食糧を自給自足できた。しかし、琉球交易は盛んだった。のちに日本海軍の主要な人材が輩出されたのは、このような海洋性の資質があったからである。対馬や五島列島についてはのちに考察しよう。したがって、日本の主要な都市は陸上交通の要衝に発達した。

有名なナイル河を除き、アフリカ大陸の大部分の河川は、河口付近が急流で浅瀬のため、海上から内陸部に接近できない。これでは、カイロは別としてアフリカには海洋都市は育たない。

また、アマゾン河は、大潮の大波とジャングルの中の陸上交通が難しいので大都市は生まれない。

海洋を生活の基盤にするもう一つのタイプの都市は、「港湾都市」である。これは、次のような特徴をもつ地形に見られる。よく防波されて、海流の流れ込みが少なく、陸地まで水深が十分にあり、そして潮の干満の差が少ない入江で、その入江の背後に豊かな平地が広がっているところである。こうした土地は、陸上交通の便もよく、最初に漁村が生まれ、やがて大都市に成長する。このような都市を仮に「港湾都市」と呼ぼう。漁村は海上生活に慣れ親しんだ「海の男」たちを自然に育て、素晴らしい「水兵」の供給地になる。海洋都市が港湾都市より大きく育つのは、潮の干満の影響を受けないからであろう。

船舶が航空機や陸上輸送機関と決定的に違うのは、大量の輸送力と陸地から海への積み込みの難しさにある。だから上陸作戦は容易だが、陸地から海上への撤退作戦は難しい。すなわち、海上機動に生存を依存する海洋国家は、大陸側に「交易所」を設置することが重要な国家戦略のための施策になる。一方、大陸国家にはその必要がない。

海外において外国の価値観、文化を理解し、物資を適正に購入し、輸出するためには、優れた外交力のある人材が交易所で活躍することが必要であり、海洋国家の青年たちは「海外雄飛」を志すように育つことが求められる。

「波濤の向こうには夢がある！」

とポルトガル、スペイン、オランダ、英国の青年たちは海外進出した。彼らには潮っ気（シーマンシップ＝操船術）が満ちあふれていた。

## 海洋戦略の源流

はるか数千年の昔から、人類は大河川と海岸のほとりに文明を築いてきた。そのうち、海洋を中心として発生した文明は、東地中海のエーゲ文明とフェニキア文明であろう。

紀元前十二世紀にフェニキア人は現在のレバノンのチュロス（ティレまたはスール）を中心として地中海の制覇に漕ぎ出した。彼らはアフリカ北岸に沿って西に勢力圏を拡大し、紀元前八一四年には、現在のチュニスの沿岸に植民地都市カルタゴを建設した。もちろんエーゲ海の島々にも交易基地を設けている。彼らは西部地中海にも交易路を延ばし、スペインのカディス、メルカルト（ジブラルタル）にまで進出した。大西洋まで活躍の場を広げていたことは想像にかたくない。

海洋で使われる船は、漁船、輸送船、軍艦に大別された。冷凍技術がない時代の漁業は沿岸漁業であったので、海洋戦略には役立たない。輸送船は幅の広い「丸船（ガイロイ）」で、主動力が「帆走」、補助動力が「オール」である。軍艦（トライリーム―三段オールのガレー船）は細長く、主動力（戦闘時）が「オール」で、補助動力が「帆走」であった。

作戦のときにはガレー艦隊は水や食糧を搭載せず、補給船のガイロイ船団を伴って行動した。上陸作戦のときにはガイロイ船団に陸兵を乗せて随伴させた。水兵が上陸して陸上戦闘することもあったが、艦隊が空っぽになる危険があったので、つとめて回避した。漕ぎ手が奴隷であったため逃亡してしまうからだ。

遠くに作戦を展開するにあたって、補給物資の再搭載のために、基地を前方に点々と設定して基地のネットワークを構成した。そしてその基地を守るために、陸軍と局地の制海権を支配する地方艦隊を配置した。主力艦隊は、このような全体的な座布団の上を機動的に移動して作戦を実行したのだ。

海戦に必要な補給物資は物理的な無理がきかない。海の上では、真水も食糧も戦闘資材も現地調達ができないから、船が沈めば終わりである。必然的に、「海洋作戦は、必要性よりも可能性を基礎として立案する」ことが原則になる。この点、「陸上作戦は必要性を重視して立案する」のが原則であるのと大きな違いである。

### 海洋国家アテネの経済的負担

ギリシャの諸都市国家は、内陸型と海洋型に分かれて発達した。前者の代表はスパルタであり、後者の代表はアテネである。アテネは自給自足ができず、多くの物資を遠方の地域からの海上輸送に依存していた。そのため平時・戦時を問わず、公平かつ公正な貿易取引と、万一に備えた海路の安定のために、トライリームのような軍艦を含めて高級な武器と精強な軍を維持しなければならず、その経済的負担は重かった。

「軍隊ほど儲からないものはない。しかし、軍隊がなければもっと儲からない」とは、ギリシャに残る伝統的な商人の名言である。

海洋都市や港湾都市は、生活の基盤を海上輸送に依存している都市である。それだけではない。交易の相手側に交易所を保有していなければ、陸上の物資を船舶に搭載できない。海は広いようだが、海上輸送には気象・海象や海底地形、沿岸地形の関係で「海路（シー・レーン）」と航行中の船舶が集まる「集束点」が存在する。

「制海権」とは、この海路を安定的に利用し、敵意ある国や競争相手国の利用を拒否・制限する権力である。

制海権を獲得し、維持する手段はすでに述べたように「艦隊」と「基地」である。海軍とは、まさに「艦隊＋基地部隊」であり、基地の配置が海軍戦略の土台であるといっても差し支えない。

## 〝艦長のいる民主政治〟

紀元前四八〇年、先王の遺志を継いだペルシャのクセルクセス一世は、全ギリシャの征服を目指して海陸から侵攻した。スパルタ王レオニダスはテルモピレーの険で約十倍のペルシャ軍に対し善戦し侵攻を阻止していたが、裏切り者によって包囲されて戦死した。ギリシャ陸軍はペロポネソス半島への入口のコリント地峡の後方に退却してしまった。

スパルタ軍に呼応して、アルテミシウムの海戦でペルシャ軍を迎撃していたアテネのテミストクレス提督は、陸戦の敗報を聞いて退却し、アテネの住民をサラミス島に避難させるとともに、アテネの市民、下級市民の分け隔てなく若者を集めて水兵を増強した。

そしてテミストクレスは、背水の陣を敷いてペルシャ軍の攻撃を誘い、約二倍のペルシャ艦隊をサラミスの海戦で撃滅した。

市民、下級市民の水兵を平等に扱い、彼らの活躍で勝利したアテネを哲学者アリストテレスは、

「サラミスの海戦を通してアテネの民主政治は〝艦長のいる民主政治〟となって強化された」

と評し、『英雄伝』の著者プルタークは、

「海が本当の民主政治の起源になった」

と述べている。艦長がいれば、国家の航海針路は明確になるし、国家戦略は柔軟な傾向をもつことになる。なぜなら、海洋国家の選良は流動資産家が多いからである。

海洋国家に対して海はなんの資源も提供しない。だから海上交通を統制する権限（管制権）があればよい。海の支配は絶対的である必要がなく、海軍力が優勢であれば、十分にその目的を達成できる。

しかし大陸国家では大地が資源を提供する。必然的に土地の所有が厳密になる。そして土地の所有関係によって社会が階層的になる。それゆえ大陸国家は「寡頭政治」になりやすい。

民主政治を導入しても土地所有者が選挙権を握り、無産市民は政治参加を許されなかった。のちに全員が平等に選挙権をもつようになっても大陸国家の民主政治は、選良が地主や各種産業団体などの固定資産家の利益代表的立場をとるので「議長のいる民主政治」になる。それでは国家の針路は不確かになり、しばしば国際政治の波間を漂うか、反対に硬直になる。なぜなら、いずれの選良の利益も譲ることはできないからである。

## 海戦は陸地に近いところで起きる

紀元前五三五年、フェニキアの植民地都市カルタゴは、コルシカ島のアラリア沖の海戦でギリシャ艦隊を撃破して地中海の覇権を手中にしていた。

五〇八年、カルタゴはローマと条約を結び、地中海貿易の独占権を獲得した。その代わりにイタリア半島には手を出さないことにしていた。そのころ、海洋国家カルタゴと大陸国家ローマには戦争する原因は何もなかった。

このころのローマは、資源の大部分を半島で自給自足する陸上国で、その海上交易は補足的な地位にあったので、業務の大半を貿易国に依存していた。それらの交易国は、南部イタリアのギリシャ植民地やシシリーの港湾都市国家である。

ところが、イタリア半島の征服を完了したローマは、シシリー島に領土の拡張を始めた。シシリーの雄シラクサとローマは、シシリー島の東端でイタリア半島と目と鼻の先にあるメッシナの内紛をめぐって争った。大陸国家が大陸において国力を充実させると海外進出を図るという構図は、古代ペルシャ以来自然の傾向である。

もともと大陸国家の体質をもっていたローマは、制海権を争うだけでなく、領土の拡大を開始する。一方、カルタゴはシシリーに数多くの海軍基地を持っていたが、まさかローマがシシリー全土の占領を目指すとは考えなかった。必然的にシシリーをめぐるローマとカルタゴの陸上戦闘はカルタゴの基地周辺に絞られた。ローマは、カルタゴの基地以外のシシリーに所在するギリシャの植民地を、ほとんど無抵抗で占領してしまった。カルタゴもまた、イタリア半島沿岸の随所に「ヒット・エンド・ラン」攻撃を行なったが、陸地の占領はできなかった。海洋国家は陸軍兵力が少ないので、ローマ海軍の基地を破壊したが、地域を占領できないのである。

カルタゴとローマの海戦はすべて海峡か、基地の近傍で発生した。

また、史上最大の海洋戦争は太平洋戦争であった。その無数の海戦はすべて陸地に近いところで起きている。

「海戦と陸戦は相互に密接に関連するので、海戦は陸地に近いところで起きる」のが歴史の教訓である。

# 3 対馬海峡と大韓海峡

## 海図を開けば

もう二十年も前になるだろうか、佐世保の海上自衛隊佐世保地方隊の防衛部長Y一等海佐（大佐）を表敬訪問する機会を得た。

熊本の高遊原基地からヘリで飛び立ってから佐世保まではすぐだ。海上自衛隊の基地に着陸すると、防衛部長はヘリポートまで迎えにきてくれていた。彼の執務室でいろいろとお話を伺う。会話が途切れたときに、執務室の壁に貼ってある地図に気がついた。当然といえば当然であるが、それは海図である。

海図は白地に黒線で描かれている。素っ気ない図面だ。海については、深度や暗礁が詳細に描かれているが、陸地は港と泊地と海上から目印になる地点が記されているだけで、そのほかは白紙だ。陸地は海で活動している人々にとって無用の世界である。

一方、陸上で仕事をしている人間にとっては海図は別世界である。陸地で働く者にとって、

「海と河は障害だ！」という感覚が身に染みついている。だから海図を見ても他人事で、船乗りとの生活感の違いの壁は容易に乗り越えられそうにもない。

数日後に同じような目的で、航空自衛隊の西部航空方面隊司令部のある福岡の春日を訪ねた。司令部の防衛部長は、帰路に下関・門司の対空ミサイル部隊を訪問するように勧めた。

下関と門司のミサイルは関門の上空を守っている。かつて長州藩が、下関海峡東側の田野浦（門司側）と串崎（長府側）に砲台を設けて、外国軍艦によって九州と本土が分断されないように防衛しようとしたのに似ている。

一八六三年五月十日は、幕府が朝廷に対して約束していた攘夷《じょうい》開始の期限であった。この日がくるのを首を長くして待っていた攘夷派の長州軍艦は下関海峡で風雨を避けていたアメリカ商船ペムブローク号を砲撃して追い払った。無理やりに幕府を攘夷に引きずり込もうという魂胆であった。

引き続いて二十三日には、長州砲台と軍艦が協力してフランス通報艦キンシャン号を、さらに二十六日には、オランダ軍艦メデューサ号を砲撃して退散させた。

また、七月、薩摩藩が生麦事件に対する英国の賠償要求を蹴ったので、英軍艦七隻は停泊中の薩摩商船三隻を拿捕《だほ》した。これに怒った薩摩藩の砲台が猛然と英国艦隊に砲撃を開始して薩英戦争となる。しかし、薩摩軍の砲は射程が一キロ、英艦砲の射程が四キロでは勝負にならない。薩摩軍の一〇砲台、合計八三門の大砲は壊滅した。

一連の日本側の外国船に対する砲撃に報復するため、一八六四年八月、米・英・フランス・オランダ連合艦隊一七隻は、艦砲の合計二八八門を備えたうえ、兵力約二〇〇〇の陸戦隊を伴って下関を攻撃した。長州軍の砲台の備砲は応戦する間もなく破壊された。さらに陸戦隊が上陸して砲台自体を破壊した。

この二つの局地紛争の賠償として、四カ国が幕府に要求したものは、灯台を八カ所に建設することであった。幕府は喜んだ。設置する灯台は日本のものである。連合国のものではない。幕府は連合国の要求の価値がわからなかったのだ。

ところが、海洋で行動する艦隊にとっては灯台の価値はきわめて高い。「海に暮らす人々」の価値観と「陸に暮らす人々」の価値観はまるで逆である。それはまさしく「海図と地図」の違いであった。

## 対馬海峡周辺の町と海

下関は九州北岸に沿う対馬海峡の東北端に位置する港町である。ここから対岸の朝鮮半島の港町、釜山《プサン》まで約二五〇キロ。これが対馬・朝鮮半島の海峡幅と考えてよい。真ん中に南北約八〇キロの対馬が壁となっているので、対馬と朝鮮半島の距離は約五五キロ、対馬と北九州の直線距離は約一一〇キロになる。

また、下関から北九州沿岸に沿って対馬海峡の西南端にあたる港町、平戸まで約一七〇キロが海峡の実質的な長さである。下関と平戸の間には、博多湾と伊万里湾があって朝鮮との往来の重要な役割を果たしている。

平戸は、一五五〇年ごろから中国人の海賊の頭領王直《おうちょく》が、日本の倭寇と提携して根拠地を置き、後期倭寇の主役を演じたところであり、同じころイエズス会の宣教師フランシスコ・ザビエルが薩摩を追われて活動拠点を置いた港町でもある。そのほかイギリスもオランダもここに商館を置いた。

伊万里湾の入口近くの松浦《まつら》は、松浦党と呼ばれる海洋一族の古くからの根拠地である。この地の人々は生活圏を海図で考える。

朝鮮半島側を見れば、海峡に面する町は釜山（富山浦《プサンポ》）を東端として西端は珍島《チンド》になるだろうか。その中間に麗水《ヨス》半島がある。その中心地、麗水は十六世紀末に大活躍した名提督李舜臣《イスンシン》の艦隊基地になった。

洛東江《ナクトンガン》の河口の西側沖には加徳島《カドクト》があり、その島と南側の大きい島、巨済島《コジェド》の間を通り抜けて、西側には朝鮮半島南岸では最良の湾、鎮海湾《チネマン》がある。その湾には鎮海《チネ》（薺浦）および合浦《ハッポ》、馬山《マサン》がある。釜山の西南の大きい島、巨済島は日朝関係に深い歴史を刻んでいる。

対馬・朝鮮海峡の間には壱岐島と対馬がある。壱岐島は伊万里湾から真北に約八〇キロの海上に浮かぶなだらかな丘陵状の島で、南北一五キロ、東西一七キロ、上空から見れば楕円形に近い亀甲形をしている。海岸には小さな入江が数多くあり、漁業が主たる生活源である。初めのころは、唐津の波多氏の支配を受けていたが、十六世紀末から松浦党に属した。島民の気質は海洋性であるといっていい。

対馬は、壱岐の北北西約五〇キロ、博多から対馬の中心町の厳原《いづはら》まで北西に約一四七キロ離れている。対馬は上下二つの島が連なっている島である。対馬全体としては南北約八二キロ、東西一八キロの細長い島だが、北北東から南南西の方向に傾いているため下関や博多から釜山に向かって航行する連絡船は対馬の東北端をかすめて航海することになる。通視のよいときには、対馬の最北端から朝鮮半島がかすかに望見できる。上対馬町《かみつしまちょう》には、韓国展望台があるくらいだ。釜山までは約五五キロしかない。

韓国人との軋轢《あつれき》もあり、この海峡の呼び名はさまざまである。韓国の人々は対馬海峡を「大韓《テハン》海峡」と呼ぶ。そして朝鮮半島と九州の間の海域を「南海《ナメ》」と呼んで黄海《ファンヘ》と区別し、日本海を「東海《トンヘ》」と呼称する。日本で売られている観光旅行用の韓国の地図には、対馬海峡を除いてほとんど韓国式の名前が書いてあるから混乱が起こりがちだ。

日本では、古来、朝鮮半島と九州の間の海を「玄海灘」と呼び、対馬と朝鮮半島の間を「(対

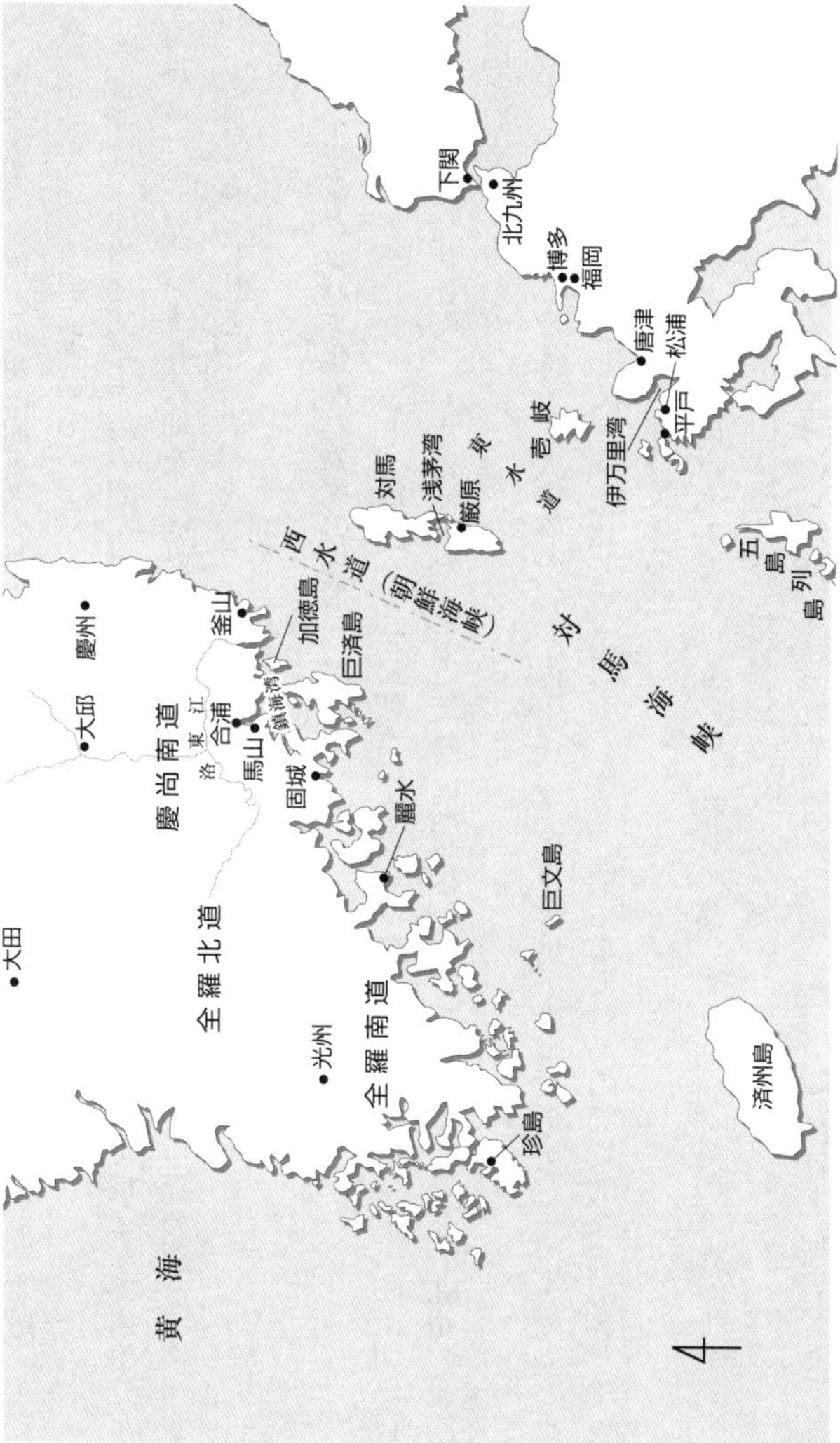
下関
北九州
博多
福岡
唐津
松浦
平戸
伊万里湾
壱岐
東水道
対馬
浅茅湾
厳原
西水道
（朝鮮海峡）
対馬海峡
五島列島
釜山
慶州
加徳島
巨済島
大邱
慶尚南道
洛東江
合浦
鎮海湾
馬山
固城
麗水
巨文島
全羅北道
大田
光州
全羅南道
珍島
済州島
黄海

馬）西水道」、対馬と九州の間を「（対馬）東水道」、両水道を合わせて「対馬海峡」と呼んでいる。あるいは、玄界灘そのものを対馬海峡と称している。

本書では、九州と朝鮮半島の間の海のうち、北半分を「朝鮮海峡」、対馬を境として南半分を「対馬海峡」、壱岐と九州の間を「壱岐水道」、朝鮮の西南端の済州島《チェジュド》と朝鮮半島の間を「済州水道」と呼ぶことにする。これはあくまで便宜上である。

## トロイワシとソバを生んだ対馬の地形

対馬を語るときに、どうして厳原《いづはら》を基点に使うのかという疑問があるだろう。大和王朝が日本を統一した時代から、対馬は律令制のもとでは「対馬国」として扱われていた。九州の豪族諸国と同格であったのだ。

対馬は鎌倉時代になって、大宰府の官人・惟宗《これむね》氏の支族が対馬の守護・地頭だった大宰弐《だざいに》（武藤）氏の守護代を兼務して、武士化して宗氏を名乗り、明治まで対馬の実質的な支配者となった。その居城が厳原だったからである。

対馬は朝鮮半島と九州の間にあるというものの、朝鮮半島により近い。島の八九パーセントは急峻な山で、厳原以南の山は原始林で覆われている。

ヘリコプターで対馬に近づくと、打ち砕ける荒波の白い枠が断崖の海岸線を経示している。

全周囲がリアス式海岸で、浜はほとんどない。厳原に小さな浜が見えたときにはほっとする思いだ。それでも島全体を通して見れば、西側が急峻で東側はなだらかなようだ。北から南へ貫く脊梁《せきりょう》は二〇〇～三〇〇メートル級の山々で、最高峰は厳原南側の矢立山六四八・五メートルである。

対馬を南北に分ける浅茅湾《あそうわん》は、湾内そのものがリアス式で美しい。湾全体としては、対馬の西側に口を開けている。

下対馬の北端で、眼下に浅茅湾が見える山頂部を削ったところに対馬空港がある。滑走路が短いため、大型のジェット旅客機の着陸は無理だ。それでも、山脈の頂上を削って空港を造るアイデアは、もっと日本各地に取り入れられていいのではないだろうかと思われる。

上対馬町には韓国展望台があり、その北端には自衛隊のレーダー基地と海中監視所がある。対馬海峡を潜ったまま通過する潜水艦を一隻たりとも逃さず感知・識別しているのだ。

ところで、対馬の「落ち（下り）イワシ」の刺身は、ちょっと本土では味わえないほどの美味といっていい。暖流に乗って北上したイワシが寒流にぶつかり、脂をいっぱいにつけて秋から冬にかけて南下してくるのだ。

世界二大海流の一つ、暖流の「黒潮」は九州の西で分かれて、本流は日本の太平洋岸を北流する。分流は対馬海流となって対馬海峡を日本沿岸に沿って北上する。春から夏にかけてブリ、イワシはこの潮流に乗って秋田沖まで上る。

一方、寒流のリマン海流は、シベリア沿岸から朝鮮半島の東沿岸に沿って南下する。暖流と寒流がぶつかるところではおいしい魚がとれる。特に寒流にはタラ（明太）が乗ってくる。イカもこれに負けない。秋が深まると、対馬海流の力が衰え、リマン海流が力を増す。北に上っていたイワシは、体に脂をたっぷりつけて対馬海峡を南下するのだ。まさにトロイワシといってよい。

もうひとつ、対馬の名物をあげるならば、ソバだろう。ソバは対馬を通して日本に入ってきた。ソバが対馬に渡ってきたときは、対馬の人々は喜んだに違いない。というのも、対馬は平坦な耕地が少ないので米作農業には弱いからだ。急斜面を耕しての水田は難しいが、ソバは急斜面でも作づけできるのだ。

米の不足は対馬人に「海洋民族」の体質を植えつけた。対馬では朝鮮半島と、九州や瀬戸内海地方の間の物々交換貿易が生存の基盤であった。その中でのソバ栽培は、緊急事態の予備的食糧資源として貴重であったに違いない。

とにかく、そのソバの原種は今日でも対馬に残っている。日本各地のソバとは一味違う。香りが高くてキレがよい。

## 海の難所・玄界灘

黒潮の流れは速い。遅いときでも一ノット、速くなれば二ノットにも達する。対馬海流も同じである。玄海灘が海の難所であるという印象は、台風や強い季節風（ジェット気流）もさることながら、この速い海流が大きな要因である。二ノットといえば一秒間に一メートル進む速さである。時速平均三ノットの船舶が潮の流れに逆走すれば、相対速度一ノットになるから、対馬・朝鮮海峡二五〇キロを渡るのに六日間もかかることになる。

日本に流れ着く北朝鮮工作員や兵士の遺体が識別困難なほどに壊れているのはこのためで、磯波に洗われると粉砕機にかけられたようになる。

この玄海灘を横切って朝鮮と九州の間を航海するのは、容易なことではなかっただろう。遣隋使に続いて六三〇年に初めて派遣された遣唐使の船は、全長約三〇メートル、船幅約九メートル、排水量約三〇〇トン、二本マストの横帆（網代帆《あじろほ》）と片舷約一〇本のオールを動力とする乗員約一四〇名の船で、当時の西欧船舶の大きさに近い。航路は下関から北九州の沿岸に沿って航行し、その西端から耽羅《タムナ》（済州島《チェジュド》）と百済《くだら》の西南端を経て朝鮮半島に沿って黄海を北上し、大連の付近から山東半島の登州に到着した。

「横帆」とは、帆桁の中心を帆柱の位置にするものである。したがって、張った帆は帆柱を中心にして左右対称になるから、真後ろからの追い風を受けるとスピードが出る。しかし、向かい風に乗る操法は難しい。せいぜい横風を利用するくらいである。さらに速度をコントロールするには、帆を巻く量で行なうから手間がかかるうえ、横風に対するコントロールが難しい。残念ながら、この時代の日本は「縦帆」の技術がなかったのだ。

縦帆は帆桁の端を帆柱につける。そして船を上から見ると、帆全体が時計の針のように帆柱を中心にして回ることになる。

これで逆風に向かってZ形にジクザク進む「ビート（beat）」操法が可能になり、しかも帆の角度を変えることによって風を受け流し、速度をコントロールできる。しかし、どんな風向きでも船が常に傾く。転覆しやすいことは当然で、重心を低くする船の設計が難しい。

横帆の船で日本から朝鮮半島に向かうのは、よほど巧みに北東の風をつかまえなければならない。これは春から夏に吹く風だが、この時期には低気圧が近づく。

三月以前は冬の北西風と強い南風が不規則に吹き、海はシケがちだ。五月、六月には南風の日が次第に増えるが、不安定さは変わらない。七月以降は安定した南西の風になる。ところが七月から九月の間には台風シーズンとなり、平均二・四回の台風が日本に上陸する。その主力が西日本だから、対馬海峡は影響を受ける。

一方、朝鮮半島から日本に向かう追い風は、ジェット気流が南下するころ、秋口に吹く。これはつかまえやすい風で速度を出せるが、一歩間違えば「神風」になる。いずれにしても玄海灘は扱いにくい海なのである。

第二章

# 対馬海峡の戦跡(1)

## ――四世紀から十六世紀まで

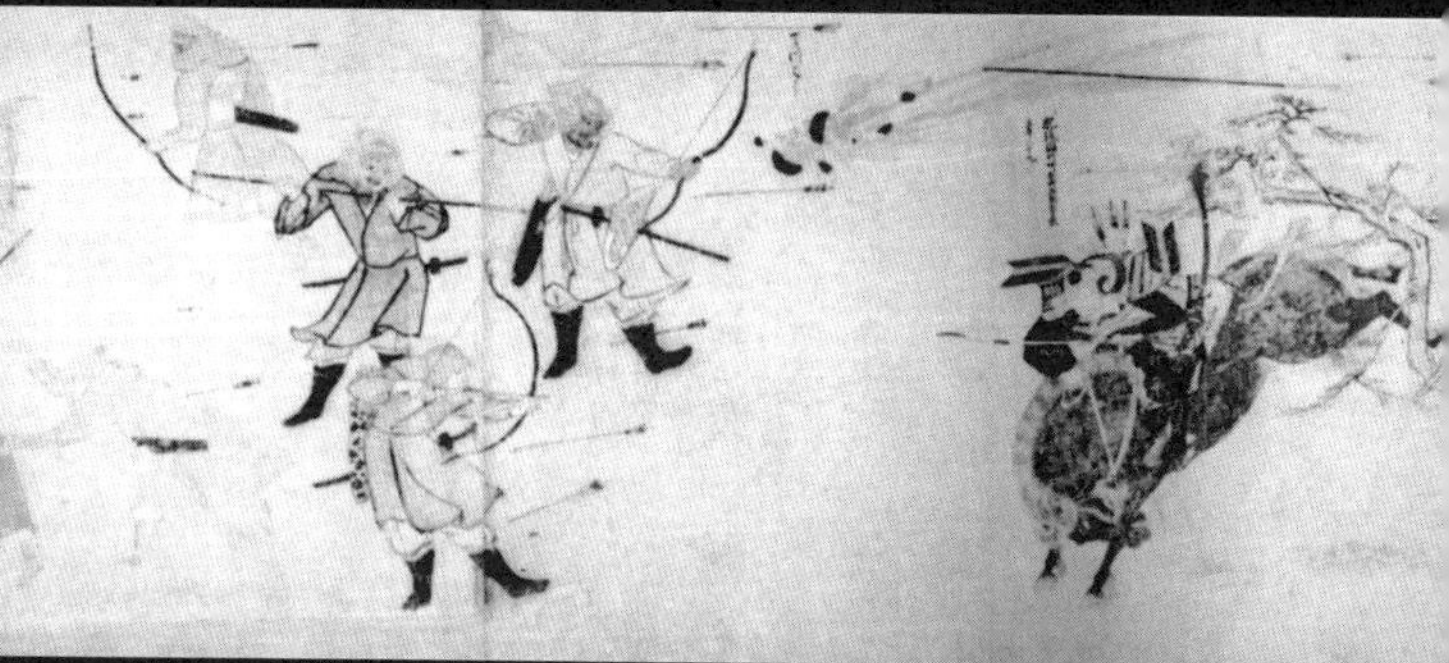

蒙古襲来絵巻

# 1　水城と防人

### 四世紀後半の海峡の両側

まず海峡の南側、四世紀後半の日本の状況を見てみよう。日本は部族連合の状態から、ようやく大和朝廷がその親玉として日本を統一しはじめた時代である。四世紀の初めから瀬戸内海を交通の主軸として北九州、宮崎、広島、岡山、大和の豪族が連合を作り、やがて最有力の大和が主導権を握った。日本の統一政権の始まりである。

対馬・朝鮮海峡の北側を形成する朝鮮半島を戦略的に地形区分してみると、現在の韓国と北朝鮮を分ける臨津江《イムジンガン》流域の北側の山地を境として南北に分かれる。その境の北側は大同江《テドンガン》流域で、中心地は平壌《ピョンヤン》である。そして南部朝鮮は、漢江《ハンガン》流域と錦江《クムガン》流域と洛東江《ナクトンガン》流域に区分できる。漢江流域と錦江流域を分けるのは車嶺山脈《チャリヤンサンメク》。漢江下流域の中心地は漢城《ハンソン》（ソウル）であり、錦江河口では群山《クンサン》が中心地だろう。錦江流域からさらに南へ蘆嶺山脈《ノリヨンサンメク》を越えると、栄山江《ヨンサンガン》流域に出る。全羅《チョルラ》道《ド》の中心地、光州《クアンジュ》である。洛東江流域の中心は釜山《プサン》である。漢江と洛東江の分水嶺は小白山脈《ソベクサンメク》で、洛東江流域は太白山脈《テベクサンメク》と小白山脈に挟まれて朝鮮半島南部で独立した区画になっている。

朝鮮半島東海岸の元山《ウオンサン》から南の太白山脈にかけては狩猟・焼畑部族が基盤をもっている。その中心地は慶州《キヨンジユ》である。「浦島太郎」の物語に出てくる龍宮城は、慶州だという一説がある。

その朝鮮半島では、四世紀初期まで平壌を王都とする高句麗《こうくり》が覇権を握っていたが、三五〇年ごろ百済と新羅《しらぎ》が独立した。王都を慶州に置く新羅と漢城を王都とする百済の間には、洛東江下流部に豪族の連合体のような地域があった。加羅《カラ》（伽耶《カヤ》）である。ここは任那《みまな》とも呼ばれ、大邱《テグ》、釜山、金海《キメ》を含む。西の百済との境界は今日の慶尚道《キヨンサンド》と全羅道の境界と考えればよい。

高句麗も新羅も百済も、元をただせばモンゴロイドのツングース（固有満州族）が朝鮮半島に南下してきたものである。もちろん北九州から中国地方、近畿地方の大部分の日本人はモンゴロイドであると考えられている。

ここで余談を少々……。かつて日本列島には魚を主食とするのんきな土着人が住んでいたという。彼らの血液型はO型。その人たちを太平洋側に押しのけ、朝鮮半島南西部から農耕型の人々が米作を引っさげて日本の唐津に上陸し、移住してきた。海流の方向から見てうなずける。血液型はB型の人々である。さらにそのあと、北部朝鮮半島から狩猟民族が日本に渡ってきた。血液型はA型とAB型である。その結果、薄っぺらい日本列島は縦縞で太平洋岸にO型、日本海側にAとAB型、その間にサンドウィッチのように挟まれてB型が住むようになったという。これは、本当かどうかはわからない。

## 日本と大陸との交流

話を元に戻そう。いずれにしてもツングース系の部族は大陸民族で、海には親しみがない。それを裏づけるように、朝鮮半島の主要な町や都は陸上交通の要点に発達しているが、ローマやロンドン、カイロ、カルタゴ、アテネのような海洋貿易に便利な海洋都市はない。

高句麗、新羅、百済はいずれも中国王朝型の政治制度を導入していて、中国王朝との交流は「陸路」である。ところが日本は、このころから海路で中国に往来していたらしい。五島列島や平戸、壱岐・対馬、松浦《まつら》、博多、下関、瀬戸内海の人々は、遠く外洋には進出できないまでも、海峡や海道に生存と繁栄を依存していたようだ。ちなみに六六一年、百済から日本に亡命していた皇子余豊璋《ヨブンジヤン》を護衛して渡洋した阿曇比羅夫《あずみのひらふ》の「比羅夫《ひらふ》」は、生来の名前ではなくて「提督」という意味の海軍軍人の称号である。

当時、中国や朝鮮から「倭人」(小人、従順な人)とさげすまれた日本人は、任那に数多く住んでいたようである。地味は任那よりも北九州のほうが肥えていたにもかかわらず、任那に倭人が数多く住んでいたのは、日本から移住したのではなく、北九州に任那の人々が数多く移住してきたから任那の人も倭人と呼ばれたのではないだろうか？　当然、縁戚関係が強い。あるいは、任那は当時鉄器具や鉄製の武器の産地であったので、北九州から倭人が移住していたのかもしれない。おそらくその両方かと思われる。いずれにしても、釜山・金海と対馬・壱岐・博多は、任那と北九州の人々にとって日常的な航路であったことは間違いない。

古代日本語と朝鮮語には、ウラルアルタイ語としての文法の共通点があるが、発音は基本的な点で違う。朝鮮語は子音を巧みに多用するが、日本語はまるっきりだめだ。耳慣れない日本人は子音を聞き取れない。

任那は多数の豪族の集合体ではあったが、一応、最強の部族の金官《キムグアングク》国が親分であったらしい。その王城は朝鮮海峡から切り込んだように深い入江になっている「金海」である。そして任那は百済と緩やかな同盟状態にあった。

## 新羅・百済戦争に関与する日本

百済は今日の韓国の西半分と思えばよい。新羅は東半分で北端は元山付近まで領土としていた。高句麗は今日の北朝鮮である。高句麗は、中国式の政治体制で階層社会を形成していた。その軍隊は百済と新羅に駐屯しており、宗主国のにらみを利かせていた。

百済は独立指向が強く、新羅は大国依存主義であった。大（強）国を尊敬する「事大主義」

の始まりである。当然、高句麗としては新羅はかわいいが、百済は要注意である。

こうして、百済は国内に高句麗軍が駐留しているため悩まされていた。また、高句麗は新羅を軍事的に従属させて加羅《カラ》（任那）の鉄資源を収奪していた。

北部朝鮮は一般的に大陸同盟派である。これに背けば、中国や満州から激しい政治的圧迫を受けるからである。しかし、南部朝鮮は大陸同盟派と独立派に分かれていた。独立派は必然的に北部朝鮮に対して強硬姿勢をとり、日本に協力を求めることになる。この傾向は歴史を通して変わらない。

王都を漢城《ハンソン》に置く百済は、三九一年、日本に対して援軍の派遣を要請する。当時の日本はようやく大和王朝が日本を統一する政体として固まりかけていた。それゆえ朝鮮に関与する余裕はなかったが、任那からの鉄資源の供給を維持することは、大和朝廷の権威を維持するために重要であった。

日本遠征軍は、百済の要請に応えて百済軍とともに百済領内の高句麗軍を追い払い、さらに新羅領内に進撃していくつかの砦を奪取した。共同作戦だったのか、戦術目標を分けた作戦だったのかはわからない。言葉の違いの問題を作戦のためにどう解決していたのかも不明だ。

遠征軍の兵力は定かではないが、約一四〇名乗りの軍船一〇〇隻で、一万五〇〇〇人ぐらいではなかったろうか？　当初の作戦区域を任那とし、戦果を拡張して百済軍と連合して高句麗軍を追い出すと想定すれば、その程度の兵力が必要ではなかったかと推定する。出航地は博多が主力で、そのほかに松浦湾と平戸である。博多からの航路はおおむね下関から出る航路と同じで、対馬の北端を左舷に見て釜山か金海《キメ》に向かう。

一方、平戸や松浦湾から出る艦隊は壱岐を右に見て、対馬の南端を経て釜山や金海に向かう。帰路も同じである。朝鮮半島側の百済の港に直接向かう航路は難しい。なぜなら西南から北東に流れる対馬暖流に逆らうことになるからだ。いったん朝鮮南岸の多島海の海域に入ると、全般的には対馬海流と逆だから反時計回りになるものの、潮流の方向は複雑である。この流れを知ると、朝鮮半島の海岸に沿って黄海《ファンヘ》を北上することができる。

当時の船舶の速度は平均三ノット程度だから、単船でも北九州から釜山までは四十六時間以上かかったようだ。出入港の時間を加えると丸二日以上を要した。今日の博多―釜山フェリーのダイヤでも所要時間を十四時間に組んでいる。

## 高句麗の反撃

日本軍が新羅に侵攻したのに対して、四年後の三九五年、高句麗の好太王《ホテワン》は日本・百済連合軍に対して反撃を開始した。戦争は少しばかり高句麗の優勢に進展し、四年がかりで百済北部を占領した。日本の朝鮮半島へのかかわり方（関与戦略）はますます深入りすることになる。そこで日本軍は高句麗軍の圧力を分散させるため、三九九年に増援軍を送って新羅に侵攻する。新羅は高句麗に救援を要請した。

高句麗をヒットラー・ドイツに、百済をフランスに、日本を英国に置き換えてみると第二次世界大戦における英国の大陸作戦介入に似ている。

高句麗の好太王は翌四〇〇年、大軍（五万ともいわれる）を差し向けて新羅を救援する。日本軍は任那に、百済軍は今日の全羅《チョルラ》地域に退却した。

そこで日本軍は作戦を変えた。黄海《ファンヘ》の海上から朝鮮半島北西部の帯方郡《テバングン》まで、ヒット・エンド・ラン攻撃で侵攻した。この作戦は二年間続けられたが、戦争の決着はつかない。なぜなら、高句麗は海戦が苦手であるからもっぱら対上陸戦闘に努める。一方、日本軍は高句麗沿岸に上陸して襲撃するが、高句麗軍との決戦を回避する。大陸国家と海洋国家の戦争は長期戦になるという傾向から逸脱していない。しかし、日本軍はよくも二年間も戦ったものだ。スパルタを攻撃したアテネのペリクレスのような将軍がいたのだろう。

ところが高句麗軍は、任那の日本軍が手薄になったことを発見した。そして四〇二年、高句麗軍が任那を攻撃する。任那防衛の日本軍は厳しい敗北を喫して撤退した。もっとも艦隊戦力は無傷のようだった。巨済島《コジェド》の北端には、この当時、日本軍が築いた「日本古城」址《あと》が一九三〇年ごろまで残っていた。

それから約一世紀半の間、日本は朝鮮半島への関与の足がかりを失った。

この間に百済は高句麗から猛烈な圧迫を受ける。四七五年、高句麗は百済を猛攻し、王都の漢城（ソウル）を占領。百済は熊津《ウンジン》（公州市《コンジュ》）へ遷都した。五三二年、高句麗を宗主国とする新羅は任那に対する侵攻を開始し、首都金海を占領する。同時に高句麗は北方から百済を圧迫した。五三八年、百済は王都を錦江《クムガン》河畔の扶余《プヨ》へ移す。

五四一年、百済と日本と亡命中の任那王は、扶余で任那（洛東江《ナクトンガン》流域）の復興会議を開く。そして五五〇年、日本・百済連合軍が任那の新羅軍を撃破して追い出したが、五五四年、百済の聖明王《ソンミョンワン》が戦死する。百済軍の戦力は次第に衰え、遠征日本軍単独では新羅に対抗できない。そしてついに五六二年、新羅が任那を併合した。任那に駐屯していた日本軍は、対馬と北九州に撤退した。

しかし、新羅にとってこれで任那の問題が解決したわけではなかった。それから約半世紀後の六〇〇年、任那の独立派が新羅と戦いを開始した。独立派には多くの土着化した倭人が多かった可能性もある。この機会に乗じて、日本軍は独立派を救援して新羅軍の五つの砦を奪った。

その日本は、六〇四年、聖徳太子が十七条の憲法草案を作成してようやく国家の体裁をととのえはじめ、六四五〜六年、中大兄皇子《なかのおおえのおうじ》による大化の改新によって日本国が統一を完成したといえよう。日本は任那に足がかりを維持しつつ、国力の充実に努めていた。任那には日本府があったという説もあり、任那と日本の利害関係は深かった。

## 唐・新羅同盟が百済を滅ぼす

ところが六四二年、百済でクーデターが起き、多数の王族が日本に亡命する。一方、高句麗でも翌年クーデターが発生して、対中国（唐）強硬派が政権を握った。朝鮮半島はふたたびきな臭くなる。

唐は、高句麗を滅亡させるには遼東地区から正面攻撃をせず、高句麗から独立を目指す新羅と軍事同盟を結び、まず百済を滅ぼして南部朝鮮半島を支配し、次いで新羅軍と連合して平壌に攻め上るという策を立てた。遠交近攻の策である。

この唐・新羅同盟を結成するにあたり、新羅は国民の命名ルールを中国式にした。「金《キム》」や「朴《パク》」、「鄭《チョン》」などの苗字である。満州語で「金」は「アイシン」であって、女真族のことを指す。新羅の人々がツングースの末裔であることの証左だろうか？　いずれにしても今日の韓国人の命名方式はこのときから始まった。もちろん、当時の百済の人々はこのような名前をつけていない。

六六〇年夏、蘇定方が指揮する唐の大軍が黄海を渡って漢江《ハンガン》に上陸した。この付近は潮候差が激しいので、かなり河を遡って上陸したものと思われる。もちろん高句麗の支配下の地域である。中国から黄海を横断するのは潮流が緩やかで、対馬海峡を渡るよりやさしい。何よりも沿岸航行が可能である。

唐軍の作戦は、海軍と陸軍が連携しながら海岸沿いに百済軍を撃破しつつ南下し、白村江《はくすきのえ》（白江《ベクカン》、錦江）に進出し、そこから河を遡って王都扶余《プヨ》に迫るというものだった。一方、東方からは金庾信《キムユシン》の指揮する新羅軍が西に進撃し、黄山《ファンサン》の原の戦闘で階白《ケベク》の率いる百済軍を撃破した。そして旧王都の熊津城《ウンジンソン》を占領する。

東と南西から敵軍に迫られた王都扶余はついに陥落し、ここに百済は滅亡した。

ともあれ百済の敗将鬼室福信《クイシルボクシン》は、南部百済で抵抗戦闘を続けるとともに日本に救援を求め、日本に差し出している百済皇子、余豊璋《ヨプンジヤン》の帰国を要請した。

## 制海権なき日本の百済支援

日本にとって、百済の滅亡は任那の喪失と同義である。大和朝廷は筑紫《つくし》朝倉《あさくら》（現在の福岡県朝倉町―大分から久留米に至る経路の途中）に作戦本部を開設した。どうしてこんな山の中に指揮所を開いたのか理解できない。ひょっとすると私の間違いかもしれない。それはともかく、日本対唐・新羅同盟の戦争の始まりであった。

翌年夏、二人の提督（海軍）と三人の将軍（陸軍）を遠征軍部隊の指揮官に任命し、博多から対馬の南端を経て朝鮮南岸、南海島《ナメド》東側の入江の奥にある辰橋港《チンギュルハン》に上陸して基地を設定した。そして百済皇子とその護衛隊五〇〇〇名を送り込む。しかし、ここから錦江《クムガン》流域に進出するのは遠い。後方支援に問題があった。

そこで六六三年、全羅道《チョルラド》の西南端を回り、錦江河口から扶余奪回を図ることにした。当時の海軍にとっては、この躍進距離は長すぎる。確実に海軍基地を前方に設定し、朝鮮海峡の制海権を確保しながら作戦地域を推進するのが軍事常識である。「制海権」とは、特定の海域の利用を軍事的にコントロールする権力である。

ところが百済が滅亡し、ゲリラ部隊だけが日本軍を支援するのでは前進基地の設定ができない。それを百済皇子に期待したのが日本軍の失敗の遠因となった。そのうえ、皇子と歴戦の百済将軍である鬼室福信が内紛を起こし、鬼室福信が殺される。その結果、戦いの素人が百済残党軍を指揮することになった。

西南端を回った日本艦隊は錦江河口に前進する前に、その手前約三〇キロの東津江《トンジンガン》の河口に軍を進めたが、敵情が不明である。そこで日本軍は百済残党軍に、錦江に沿って陸上から偵察しつつ進撃し、日本軍の錦江進撃を援護するように依頼した。

ところが唐艦隊は、錦江河口で横陣に展開して日本軍を待ち受けていた。日本艦隊四〇〇隻は縦陣で航行していて敵艦隊に遭遇したからなす術がない。左右から包囲されて撃滅された。

半数が補給船としても約二万の日本軍が壊滅した。陸上でも新羅軍が百済残党軍を撃滅する。

## 国防線をどこに引くか？

唐・新羅連合軍の日本侵攻の脅威にさらされた日本の大和政権は、まず、対馬の浅茅湾《あそうわん》西南側に金田城を築く。主力艦隊を失った大和政権は、「国防線」を朝鮮半島の南岸に引けない。対馬・朝鮮海峡を戦場とする国防戦略ができなくなったのである。

しかし、国防線をどこに引くかは国家（安全保障）戦略のみならず、国家の体質を決定づける大きな選択だった。選択肢は「海軍を再建」するか、「防壁を造る」かである。四〇〇隻の造船は莫大な費用を必要とする。しかし、北九州全体に築城することもしかり、である。二者択一の問題であった。

海軍を再建すれば、日本はふたたび海洋に進出するドアを開くことになるが、築城案では日本が海上封鎖されたことと同じになる。だが、大和政権は奈良盆地に首都を置く政権で対馬海峡は遠い。歴史に〝もし〟が許されるなら、大和政権が大阪に首都を開き、瀬戸内海を通して朝鮮半島と海上交易を行なっていたら決断は違ったものになっていただろう。

世界の歴史に尋ねてみると、アテネもカルタゴもローマも英国も、海軍を失えばただちに「海軍の再建」で国防を行なう戦略を選択したのだった。

## 防人による専守防衛

六六四年、大和政権は福岡平野から筑紫平野へ抜ける最も狭い隘路《あいろ》に大宰府防衛のための水城《みずき》を構築した。土塁は幅八〇メートル、高さ一三メートル、長さは両側の山塊まで連なるように約一・三キロで、前面には幅六〇メートル、深さ四メートルの水濠を掘った。東側の四天王山の山頂部には、四周八キロにわたって高さ約一〇メートルの土塁をめぐらす百済式の山城「大野城」を築いた。

水城の後方、大野城の南西山麓に大宰府を移設した。水城の西側には背振山が張り出しており、その東端部の基山山頂に大野城と同じような城を築いた。

築城はこれだけではない。北九州と瀬戸内海の要所一一カ所にこのような山城を築くとともに、烽《とぶひ》と呼ぶ狼煙《のろし》台を各地に設けて緊急通報の警報組織を構築した。当然、壱岐にも狼煙台が設置され、「防人《さきもり》」と呼ばれる国防軍が配置された。日本は朝鮮半島と中国大陸に対して勢力均衡政策をとることなく、約三〇〇年続いた大陸国家とのかかわりを捨てた。一種の「鎖国」状態である。この対大陸政策の無策はのちに大きな危機を招くことになる。

唐・新羅連合軍は対日戦争を終えたあと、矛先を高句麗に転じ、白村江《はくすきのえ》の海戦から五年後の六六八年に高句麗を滅亡させた。その後、朝鮮半島では動乱が続いたが、日本との関係は疎遠のまま、全体的には対馬海峡は静かであった。この平穏は六六三年から一二三一年まで五六八年間続いた。この長い海峡の平和で、日本武士たちは海洋作戦を忘れてしまい、まともな外洋艦隊がなくなってしまった。

# 2 蒙古襲来

した。

## モンゴルの脅威

一二六六年、首都をカラコルムから大都（今日の北京の始まり）に移したモンゴル帝国のフビライ・カーンは、南宋の征服には慎重であった。南宋を降伏させる前に日本を従属させようとした。

古い話をもち出して難癖をつけるのは大陸国家の外交の常套《じょうとう》手段である。約二十年前に日本の海賊が朝鮮半島海岸を襲撃したことを理由に、高麗に命じて鎌倉幕府に抗議させた。鎌倉幕府がこれを無視したことを言いがかりにして、一二六七年、モンゴルは日本に対して強圧的に通商関係を求めるため、兵部侍郎《ひょうぶじろう》（国防次官）を日本に派遣しようとしたが、高麗王は戦争になると高麗が戦域となって荒らされることを恐れて必死に説得し、日本行きを中止させた。モンゴルの使者は釜山《プサン》の南方の巨済島《コジェド》から引き返す。

しかし、翌年、モンゴルの命令によって高麗の使者藩阜《ポンプ》が釜山から博多に上陸し、大宰府に到着した。今度は高麗の意向が反映されていて対等な立場の通商を求めていたが、応じない場合は武力侵攻もやむをえないことをほのめかしていた。要するに妥協の余地のない交渉である。これには朝廷も鎌倉幕府も拒否反応を示し、返答しないと決定した。

モンゴルの使者は得るところなく大宰府から釜山に引き返す。それでも高麗は使者を対馬に派遣し、執拗に返書を求めて島民を拉致したりしたが、日本の返事がない。今度は高麗の使者が島民を送り返して恩を売ったつもりで返書を寄こせと迫る。なんだか最近の拉致問題に似ているようだ。しかし、朝鮮にとっては必死である。なんとしても戦争を避けたい。

幕府はようやくモンゴルの脅威が本物であると感じ、十八歳の若武者、北条時宗を「執権」に就任させた。時宗はすぐに四国の讃岐の御家人の水軍に動員を命令した。さらに北九州の武士たちに警戒態勢を取らせた。そして対馬海峡とその周辺のご御家人部隊に戦争準備を命じた。いわゆる国家が〝平時体制〟から〝戦時体制〟へ転換したのだ。防衛戦争であっても国家の指導者は脅威の可能性を判断し、少なくとも一年以上前から戦時体制を発動して戦争準備するのが世界の常識である。幕府がどうしてこのような常識をもつようになったかは不明であるが、戦争の理論に適《かな》っている。

政治史の研究者たちの説明によれば、当時の幕府は合議制から専制体制に移行しつつあったので、このような処置を取れたのだろうという。

時宗は、大規模な水軍を造成して海上でモンゴル軍を撃破しようとした。しかし大型軍船の造船には時間を必要としたので、瀬戸内海用の小型船を数多く製造することにした。一二七〇年、朝廷はモンゴルに貿易を認める返書を作成するが、時宗は押さえてしまう。

朝鮮半島では、モンゴルの圧政に怒った高麗正規軍の最精鋭部隊「三別抄《サムビョルチョ》」が、約一〇〇〇隻の海軍を伴って朝鮮半島西南端の珍島《チンド》を拠点として反乱を起こした。軍船といっても、外洋船ではない。せいぜい三〇人乗りの沿岸航行用の小型船である。三別抄は全羅道《チョルラド》に一時勢力を伸ばし、モンゴルの動静を日本に情報提供するとともに、日本に対して互恵平等の通商を求めた。日本軍は三別抄を救援できる態勢にはなかったが、時宗はできるかぎりの支援を惜しまなかった。

三別抄はモンゴル・高麗軍に次第に圧倒され、ついに二年後に反乱が終わる。しかし、残党は日・高麗関係に微妙な薬味として働くことになった。

一二七一年、フビライは国名を「元」とし、みずからは「世祖」と名乗った。世祖の使者張良《チャンヤン》弼《ピル》が合浦《ハッポ》（釜山西方の港）から博多湾の西、今津に上陸して大宰府に赴き、

「京都に上って国書を提出したい」

と要求したが、大宰府はこれを許さない。鎮西指揮官は写しを作って時宗に送った。

時宗は、戦機の判断に苦しんでいた。紀元前四三一年、アテネに挑戦したコリント人の演説

を引用すると、

「外国の不当な行為に対して賢明な指導者は、できるだけ平和を長く維持しようと対話に努力して戦機を失うが、勇気ある指導者は、素早く戦争を決断して勝利し、新しい平和をつくる」

である。不当な外国の行動に対しては、慎重で賢明な指導者よりも勇気ある指導者が優れていることは、理屈ではなく歴史が示している。時宗は、強引に中国・四国の御家人部隊に対して「戦時動員」を発令した。日本軍は次々と九州に集中する。幕府は朝鮮半島に情報網を敷き、元・高麗軍の作戦準備を把握する。

一方、元の使節団、張良弼は一年半北九州にとどまった。これはモンゴルの情報活動の常套手段であった。日本の防備、地勢などを詳細に観察して帰国したのである。

指揮官は孤独である。国難に直面して、北条時宗は日頃から学んでいる禅の老師を訪ね、心構えのいかにあるべきかの教えを請うた。師は、

「どんな心境なのだ？」

と逆に問う。時宗は思わず、

「喝っ！」

「ようし！　獅子咆哮す。それで行け」。

## 海戦ではなく、上陸戦を選んだ元

一二七四年一月、元は「南宋攻略」を名目に、高麗に対して宋式の外洋ジャンク（平底帆船）約三〇〇隻の建造を命じた。船首から船尾まで達する三本の大きな木材が船底を構成している。この造船技術は、少なくとも十六世紀まで伝えられた。二本マストの横帆が主動力で、片舷約一〇本のオールがつく。オール一本に二名の漕ぎ手がつくとすれば、四〇名の漕ぎ手が必要である。船の長さはおそらく三五メートルを超え、幅一〇メートル、喫水三メートルだったであろう。搭載重量約二〇〇～三〇〇トンと推定されている。当時の日本の船にはこんな形式はない。

十月三日、元軍約二万、高麗軍約五〇〇〇、船乗りと漕ぎ手約一万五〇〇〇の合計四万が日本侵攻を目指して合浦と鎮海《チネ》、釜山から出航した。モンゴル軍指揮官は洪茶丘《こうさきゅう》、高麗軍の指揮官は金方慶《キムバンキョン》、総指揮官は元の忻都《きんと》である。

一隻あたり約一四〇人を乗せ、糧食などの兵站《へいたん》支援物資を混載していた。そのほかに上陸用の瀬渡し舟や給水船など六〇〇隻を曳航《えいこう》していた。この乗船配分は海洋国家の海軍の常識から外れている。明らかに直接に上陸作戦を行なう構えだ。海戦を想定しているとは思えない。

「蒙古襲来」については、朝日新聞編集委員（防衛担当）の田岡俊次氏の分析（「軍事研究」ジャパン・ミリタリー・レビュー社）が最も的を射ていると思われるので、その所論をベースに話を進めたい。

## 日本の「水際撃滅」作戦

秋の北西の風とリマン海流の南下に乗れば、朝鮮海峡を横断する航海は早い。十月五日、元・高麗軍の先遣隊約三〇〇は下対馬の西岸、佐須浦《さすうら》（小茂田《こもだ》）に上陸した。東岸の厳原《いづはら》に居城をもつ守護代、宗助国《そうすけくに》の率いる約八〇騎が駆けつけて迎撃する。徒歩の上陸兵は騎兵の襲撃に弱い。蹴散らされて船に逃げ帰る。しかし、翌日約一〇〇〇の軍勢が上陸し、宗軍を撃滅した。元・高麗軍は約一週間、略奪と島民の虐殺を行なった。

次いで十月十四日、兵力約四〇〇の部隊が壱岐の西北端、勝本付近に上陸した。迎撃した守護代、平景隆《たいらのかげたか》の軍勢約一〇〇が翌日まで終夜抗戦して全滅した。この戦闘時間は兵力に比して長い。元・高麗軍は対馬に続いて壱岐も占領する。

この悲報は北九州の日本陣営に届いた。日本軍は総指揮官、鎮西奉行・少弐経資《しょうにつねすけ》の指揮する兵力約一万（騎士五〇〇〇、徒歩兵五〇〇〇）の軍勢は博多湾防衛を重点とし、大宰府の前面、水城と両側の山城を最終抵抗陣地として戦陣を敷いた。戦闘方針は「水際撃滅」である。その理由は、第一に敵の主力が徒歩部隊のうちに騎兵部隊で打撃できること、第二は、上陸地で敵陣が厚くならないうちに攻撃すれば分断して各個に撃破できるだけでなく、敵の前戦指揮官を射倒すことができること。第三は、敵に飲み水を現地で獲保させないことであった。

十月十九日早朝、元軍は一部をもって松浦《まつら》を襲い、主力をもって東部博多湾の筥崎《はこざき》と博多湾の中央、博多の前面の息浜に上陸した。

また、高麗軍は西部博多湾の百道原《ももじはら》に上陸した。さらに元軍の強力な側衛（モンゴル軍の戦闘ドクトリン―教義―に従えば右翼縦隊）が博多湾の今津に上陸した。

## 「神風」は俗説

元・高麗軍四万のうち戦闘部隊は約二万五〇〇〇であるが、仮に瀬渡し舟一艘に三〇名の兵士が乗って上陸するとすれば、第一波の上陸兵力は三〇〇艘で九〇〇〇、曳航してきた全舟艇六〇〇艘を使用しても第一波兵力は一万八〇〇〇である。同時に六カ所に上陸したようだから、筥崎の第一波は三〇〇〇、博多と百道原は六〇〇〇、今津は三〇〇〇が最大という勘定になる。

日本軍一万は今津浜に監視部隊だけを配置していたようだから、筥崎に二〇〇〇、博多と百道原にそれぞれ四〇〇〇を展開していた勘定になる。個々の戦闘正面の兵力比は三対二であるが、日本軍はそれぞれの正面の半分近くは騎兵ということになる。

第一波の接近は浜の監視所から見えたであろうから、矢戦は水際から始まったと考えるのが至当であろう。第一波を上陸させた舟艇が、本船に引き返して第二波を乗せるには相当の時間がかかる。その間に第一波が大損害を受けることは十分に可能性がある。

当時の日本軍の戦闘は、当初、矢戦を行ない、十分に損害を与えてから突撃して、格闘戦にもち込むというものであった。刀を振り回すよりも、短槍、長槍で突いたり叩いたり、薙刀《なぎなた》で突いたり斬ったりするのが主である。

元軍の戦闘は組織性が高く、第一線と第二線が盾と槍で防護し、後方の第三・四・五線の弓隊が遠射（約二〇〇メートル）で敵陣を撹乱《かくらん》、そのあとに騎兵襲撃を行なうのが常套戦法である。ところが、上陸海岸では馬が当初から使えない。瀬渡し舟に馬を乗せてくれれば射殺されるから不可能であった。

そのうえ、モンゴルの弓は一三〇～一八〇センチ、西欧の弓より強力といわれていたが、日本の弓は約二三〇センチで遠射の有効射程は三〇〇メートルもある。日本の弓勢のほうがさらに強力であり、これは元軍の想定外だったようだ。おまけに騎兵による襲撃を受ける。

今津に上陸した元軍と百道原に上陸した高麗軍は、博多・筥崎で善戦する日本軍の背後に回ろうとして博多の町の西方、約二・五キロの赤坂（現在の福岡城跡付近）に進出したが、それに気づいた菊池軍約二三〇騎がこれに対応した。兵力一〇倍以上の高麗軍は徒歩部隊であったので、菊池軍の数回の騎兵襲撃によって敗退する。

第一波の大損害にもめげず、元・高麗軍は第二波を送り込む。さすがに連続戦闘に疲れた日本軍は、日没まで約八時間、じりじりと後退しながら水際から博多まで戦い続けてなんとか戦陣を維持した。

元・高麗軍は日没になって軍議を開き、爾後《じご》の戦闘指導を協議したが、騎兵戦力が決定的に欠落していることと日本軍の弓勢が優れていること、上陸地点における元・高麗軍の矢弾が尽きたことで、上陸地点での戦闘を継続しても勝算は少ないと判断し、上陸作戦の中止を決断した。その夜に「神風」が吹いたというのは俗説だという田岡氏の意見は、軍事的妥当性がある。

帰路の航海は悲劇であった。合浦《ハッポ》への帰投は新年一月三日であるから二週間を要したことになる。海流に逆らい、逆風を航行するのだから苦心惨憺《さんたん》の航海であった。出航から数えると一カ月近くたっている。いくら寒い季節とはいえ、食糧と水は腐りはじめる。元・高麗軍の戦闘部隊の死者は約一万三〇〇〇といわれているから、全損害は二万一〇〇〇にも達しただろう。全軍の五〇パーセント以上も失えば、戦術の世界でも殲滅《せんめつ》戦に区分される。まして兵站支援部隊の兵力数を母数にしているから、間違いなく殲滅されたと判定できる。日本軍の武士は平均一人が敵兵一人を殺した計算になる。

## 戦場は国境の外が常識

一二七五年、元軍は建康（南京《ナンキン》）を占領。秋には常州城を攻略して臨安（杭州）を囲む。ついに宋は降伏した。

一二七六年、時宗は、日本の国防線を世界の常識のとおり国境の外側に引くことを考えた。「国防作戦の土俵は国境の外側にあり」が原則である。それはとりもなおさず、対馬海峡を国防のための戦場と考えることである。その戦場の外枠、すなわち国防線は対岸の朝鮮半島の「港の背中」（港町の背後）である。時宗は朝鮮半島南岸の港湾を破壊・占領する国防戦略を立てた。

問題は渡洋作戦可能な船舶の大量の造船であった。ある意味で、この問題は日本固有の弱点を露呈した。諸国の幕府御家人（出向武士）たちはともかく、朝廷から任命されている地方の守護たちは外征に賛成しなかった。もちろん造船の出費からも逃げたかった。彼らは日本全体よりも地頭や守護職の繁栄を望んだのだ。

システム的な協力が苦手な日本人の体質は、まさに農耕民族的発想からくるものである。みな同質で力を足し算することには理解を示すが、異質な機能をもったものが機能的結合によって積算力を発揮する発想は受けつけない。結論は、「軍人は昨日の戦闘に備える」という悪弊の典型的なものになった。その結果、博多湾の水際に石塁を構築するという〝専守防御〟が決定され、時宗の発想は消えた。国防線＝国境線という世界の非常識を選択したのだ。どうやら日本人は戦いの理論、つまり「戦理」には無縁の民族らしい。

元の礼部侍郎《れいぶじろう》（文部次官）である杜世忠《とせいちゅう》は、使者として長門（山口県）に到着したが、幕府は彼ら五人を招いて江ノ島の対岸の龍口《たつのくち》で斬首した。その場所は、JR大船駅から江ノ島に走るモノレールの終点にある、現在の龍口寺となっている。

一二七八年、元は日本との通商を許可する。これはジンギス・カーン以来の方法で通商を通して大量の情報収集を行なうことをねらっていた。

元は江淮《こうじゅん》、江西、湖南、福建に対し、外洋船六〇〇隻の建造を命ずる一方、宋の降将から元の将軍となった范文虎《はんぶんこ》が、周福を使者として日本に送り書状を朝廷に奏上させた。しかし、時宗は〝使者は外交を装ったスパイ〟と判断して博多で斬首した。この報告を受けた元は、日本の戦争意思を確認した。そして高麗に対して軍船九〇〇隻の建造を命ずる。

一二八〇年、幕府は日本の防衛体制の整備に腐心していた。朝廷から任命されている「守護」と幕府から地方に派遣されている「御家人」の権力争いが絶えず、指揮系統が一本化しない。

歴史の法則は簡単である。

「国の防衛よりも、自分の地位の防衛を優先する」

そこで時宗は、朝廷の許しを得て守護を幕府の指揮下に入れ、地方の御家人を守護の指揮下に入れることで妥協を図った。これで日本の北九州防衛兵力が約三万にまで増えた。

一二八一年、元軍は日本侵攻計画の作成と軍の編成を開始する。今度は、朝鮮半島から侵攻する軍を「東路軍」とし、総指揮官、蒙古軍指揮官、高麗軍指揮官および兵力・艦隊構成も前回の侵攻と同じにした。兵力四万、大型軍船三〇〇隻、小型舟艇六〇〇隻である。搭載した糧食は三カ月分。

一方、中国本土の慶元（長江河口より少し南の寧波《ニンポー》市）から侵攻する軍を「江南軍」と呼んだ。総指揮官は范文虎である。兵力は一六万（戦闘員一〇万、船乗りと漕ぎ手など六万）、大型軍船一二〇〇隻、小型舟艇二四〇〇隻。大型軍船には、人員一四〇名（このうち陸軍戦闘員約八〇名）、食糧一年分の四万トンと航海に必要な飲料水を搭載することにした。

東路軍と江南軍を合わせた全遠征軍の指揮官には、元の将軍阿塔海《アタハイ》が任ぜられた。本来なら江南軍も朝鮮半島から進発するほうが渡洋の危険度は少なかったはずであるが、朝鮮半島には、東路・江南両軍合わせて二〇万の兵力を支える兵站支援力と基地がなかったのだ。

## 激戦続く北九州一帯

東路軍と江南軍の作戦運用については、史家の間でもさまざまな見解があるが、軍事的に言えば、三カ月分の糧食を準備した東路軍がまず先遣隊として北九州のどこかの上陸地域を占領して橋頭堡《きょうとうほ》を築き、その援護下に一年分の糧食を積んだ江南軍が上陸して内陸における作戦を行なうというものであったろう。陸軍兵力だけを見れば、東路軍約二万五〇〇〇、江南軍約一〇万だから妥当な戦力配分である。

先遣軍の役割を果たす東路軍は四月十八日に出陣式を行ない、五月三日に、前回と同じように合浦《ハッポ》、鎮海《チネ》、釜山から出港した。南風が吹いていたのと対馬海流に逆らう航海であったので、釜山南方の巨済島《コジェド》で風待ちするなどして日時を費やし、五月二十一日、上対馬を占領した。そして五月二十九日に壱岐を占領する。

前年、日本の海賊は情報を得るために、朝鮮半島南岸の固城漆浦《コソンチルポ》と合浦の漁民を拉致していた。さらに朝鮮半島南部には三別抄《サムビョルチョ》の残党が日本と連絡を保ち、元・高麗軍の情報を探っていた。ひょっとすると作戦構想ぐらいまでつかんでいたかもしれない。そう考えられるほど、日本の北九州防備計画は東路軍の侵攻計画に合致している。日本の防衛配備の完了はまさに高麗軍の出陣式の直前に完了していた。

六月六日、東路軍は一部をもって山口県の豊北と豊浦に上陸攻撃し、主力はいよいよ博多湾に入って上陸しようとしたが、今度は日本軍が海岸に石堤を構成していて瀬渡し舟が達着できない。しかも、堰堤《えんてい》の陰から日本軍の鋭い弓の射撃を浴びる。多々良浜辺は地獄の戦場となった。

東路軍は博多に直接上陸する作戦を中止し、博多湾の東入口にある志賀島《しかじま》と博多湾中央の残《のこの》島《じま》（現在の能古島）に上陸するとともに、艦隊は両島の周辺に停泊した。志賀島へは九州本島から延びている砂州「海の中道」を通って近づける。この海の中道は、今日では福岡マラソンの絶好の往復コースになっている。

日本軍は、まず小舟艇《しょうしゅうてい》による襲撃を開始する。舟艇による襲撃は当初に成果をあげたが、東路軍は軍船と軍船を間近につないで組織的に防御したので日本軍の損害が多くなった。

八日、元軍の一部が海の中道に上陸。これに対して海の中道から日本軍の陸上攻撃が始まった。この戦闘は一進一退となる。十三日、江南軍の先遣隊が東路軍の艦隊に到着し、両軍の合流点を壱岐から平戸に変更することを伝えた。

そこで、東路軍は博多湾からとりあえず壱岐に引き揚げることにした。日本軍は志賀島と残島を奪回する。東路軍は博多上陸を延期したものと見られる。豊北、豊浦への上陸も失敗した。

六月十五日までに江南軍艦隊が壱岐沖に到着することになっていた。そこで東路軍艦隊は壱岐の東海岸、瀬戸浦（現在の芦辺）沖と平戸沖に集結し、江南軍の来着を待った。

その江南軍艦隊は、理由は明らかではないが、予定より遅れて六月十八日にようやく慶元（寧波）、定海（舟山列島）から出航した。壱岐まで約八〇〇キロの航海であったが、比較的順調に進み、平均約三ノット、一週間で伊万里湾入口にある鷹島《たかしま》付近に到着した。

東路軍は、江南軍艦隊を待つ間に、壱岐と平戸に土塁の城を築く。

両軍は上陸作戦計画を練り直すことになった模様で、盛んに北九州沿岸を偵察するとともに、約一カ月、そのまま平戸、伊万里湾に停泊した。

## 元軍、台風に敗れる

何よりも東路軍・江南軍の両艦隊が安全に停泊し、作戦準備ができるような基地・泊地を構築することが先決であったが、両艦隊の軍船合計一五〇〇隻を一つに収容できるような良港は博多をおいてない。博多以外なら、分散して基地・泊地を設けなければならない。そのためには平戸、松浦、伊万里、壱岐、対馬などに分散することになるのは当然であるが、それぞれが各個に攻撃される危険があるので、そのような動きは見せられない。元・高麗軍は、「遅疑逡巡して発せず」だった。海軍作戦の原則から外れている。そして運命の日を迎えることになる。元・高麗軍は二隊に分かれ、一隊は伊万里湾口の鷹島を攻略して博多に展開している日本軍を伊万里正面に牽制《けんせい》・誘致しようとした。行動開始は六月二十七日である。元軍は、たちまち鷹島を占領した。他の一隊は、ひそかに対馬海峡を東北航し、手薄になるであろう博多湾に上陸しようという計画である。行動開始は閏《うるう》六月二十九日であった。

ところが、この海域は六月三十日から台風が接近して暴風圏内に入り、閏七月一日は猛烈な嵐となった。博多湾に向かって航行していた艦隊はひとたまりもなく破損し、沈没した。

鷹島に残った江南軍指揮官范文虎《はんぶんこ》などの首脳は、爾後の作戦を協議したが勝算はない。退却することに決めた。

そこへ七月五日、日本軍が鷹島に猛攻する。江南軍首脳は部下を放置して残存艦隊に移り、対馬海峡から朝鮮半島に向かって撤退した。

元・高麗軍の損害は一〇万五〇〇〇（うち高麗軍は約二万）である。損害の主力は旧南宋兵、モンゴル兵、女真族兵、旧金王朝の漢兵であった。日本軍は捕虜となった旧南宋兵を奴隷として各部隊に配分したが、その他の民族の兵は皆殺しにした。

## 忘れられた制海権

文永・弘安の役では、元の日本侵攻作戦はなぜか、作戦計画そのものがモンゴル軍特有の「狩猟戦略」の手順を踏んでいない。日本へ渡洋侵攻するのであれば、対馬・朝鮮海峡の制海権を確実に握ることが第一段階である。そのためには朝鮮半島南岸、対馬、壱岐などに前進基地・泊地を設定し、そこから威力偵察を執拗に繰り返して日本軍の防御態勢を翻弄することが必要であった。それには二〜三年を費やす必要があろう。しかし、彼らは一挙に上陸侵攻しようとしたのである。

海洋国家であったカルタゴなどは、戦闘艦隊には戦闘員のみを乗り組ませ、その後方に補給艦隊を続行させたのだ。補給物資と戦闘員を混載すること自体、「海戦」や「基地設定」を想定していない証拠である。ちなみに、のちに海軍戦略の父といわれるポルトガルのアルバカーキ提督は、征服作戦における艦隊の編成は「海戦戦隊」「陸軍輸送船団」「補給船団」の三つをもって一艦隊とした。

元王朝の指導者も高麗王国の指導者も、大陸国家の作戦センスでこの日本侵攻作戦を計画したようだ。彼らは、対馬・朝鮮海峡は「戦場」であるという感覚にまったく欠けていたのだ。とにかく制海権を確立してから上陸作戦を行なうという段階が吹っ飛んでいる。

第二に、上陸作戦のいちばん難しいところは、水際の戦闘である。上陸するときも撤退するときも水際が問題なのだ。どんなに大軍が洋上にあっても、上陸用の小舟艇の容量が最初の水際の上陸戦闘兵力量を決める。しかも、最初から騎馬を上陸させることはできない。防御部隊が騎馬隊では勝てる公算は少ない。まして小舟艇が達着できないように逆茂木《さかもぎ》（敵にむかって突き刺さるよう設置された障害物）や堰堤があれば、上陸は不可能である。

それゆえ、上陸作戦も撤退作戦も敵がいないところで行なうのが原則なのだ。しかし、元・高麗軍にはこれが理解されていなかった。

対馬・朝鮮海峡は陸軍にとって「障害」に見えるが、海軍にとっては絶好の戦場なのである。

北条時宗の国防センスは狂っていなかったのだ。彼にとって残念なことは、外洋軍船を大量に造船する時間が与えられていなかったことである。幕府は九州を守ったかもしれないが、国境線を守らなかった。対馬、壱岐、平戸の人々にとっては地獄の蒙古襲来であった。国防線が大陸の港の背中にあれば、こんな苦しみはなかったであろうに。

## 3 倭寇の嵐

### 海賊が暴れ回った九〜十一世紀

九世紀から十一世紀の二百年間は、欧州は暗黒時代と呼ばれ、中国大陸では唐王朝が崩壊の階段を駆け降りた時代であった。しかし、海の戦いで見れば、ヴァイキングが歴史の舞台に踊り出た時代である。このようなヴァイキングのほかにも、コルセアと呼ばれたアフリカ沿岸の海賊やヴァランギアンと呼ばれる黒海の海賊、倭寇と呼ばれる日本の海賊は同じような戦闘を行なった。

「倭寇」が暴れ出したのは一三五〇年ごろからである。舞台は西部対馬海峡を根拠として、襲撃先は朝鮮半島だけでなく北部中国の山東半島沿岸にまで及んだ。

倭寇が使用した倭寇船の大きさは、「倭寇図巻」に見るかぎり、一〇列の座席があり、それぞれに四名が座れる船幅と推定されるので、最大四〇名が乗船できたであろう。荒海を乗り切るためには、少なくとも一五〜二〇メートル程度の長さと四メートル程度の船幅が必要であった

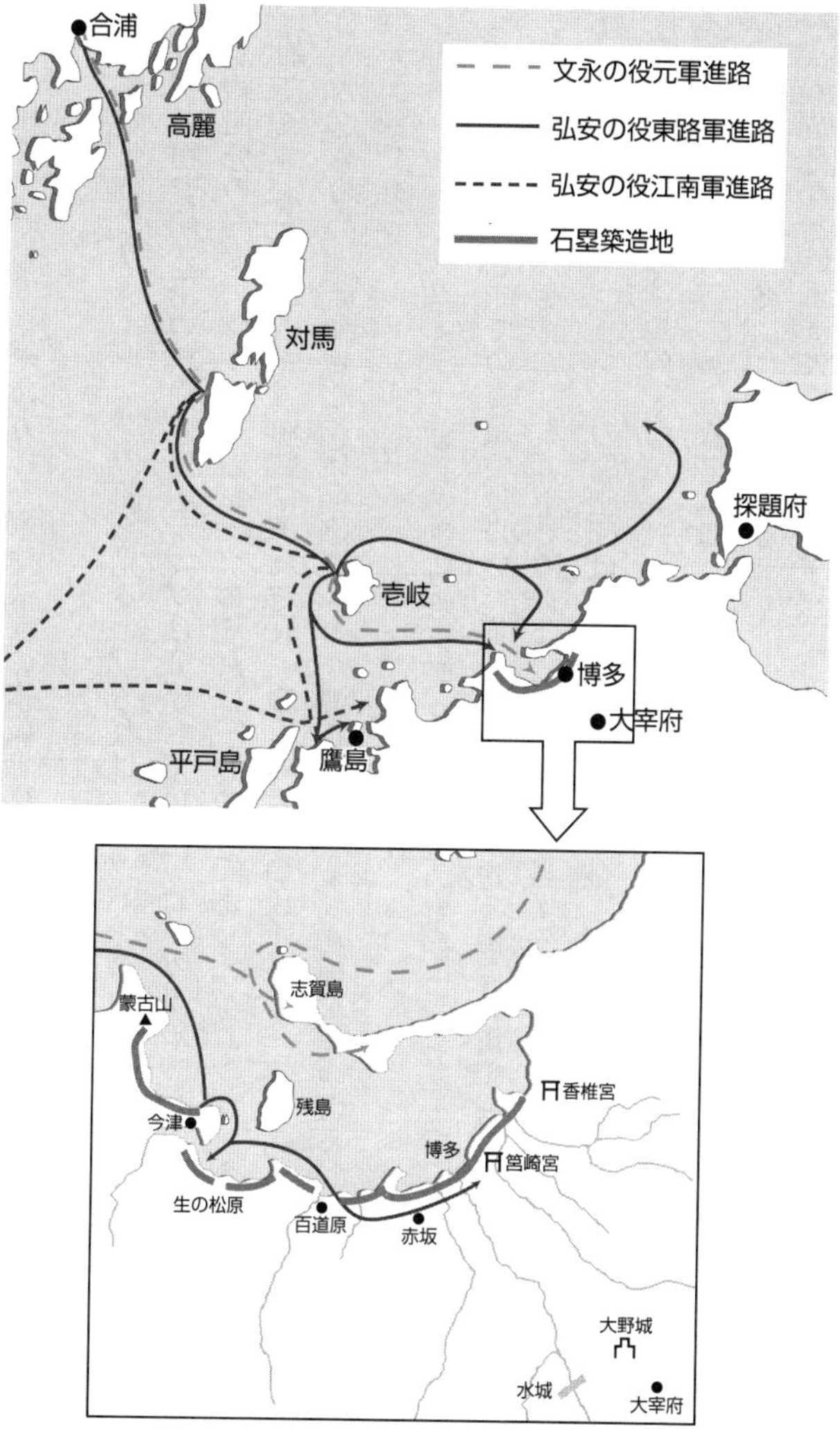


『日本全史』（講談社）の図をもとに作成

と思われる。そしてやや前方に一本マストの横帆と両舷にそれぞれ数本の艪《ろ》を備えていたようだ。

比較のためにヴァイキングの船を見ると、それは「カッパー」と呼ばれ、戦闘用のロング・シップと物資輸送用のラウンド・シップに分かれていた。ロング・シップは、長さに対する船幅が約四分の一で、ラウンド・シップのそれは三分の一であった。ロング・シップの船の長さは約三五メートル以下で、両舷にそれぞれ一〇～一六丁のオールと一本マストの横帆を備え四〇～六〇名の兵士を乗せた。兵士そのものが漕ぎ手である。北海を漕ぎ渡るには、最小限の船の大きさである。

ヴァイキングや倭寇は、海上で貿易船を襲ったり、敵の軍船と海戦することはしなかった。つまり、本当の意味での海賊ではない。彼らの戦闘は海から海岸の町や村をヒット・エンド・ラン襲撃する地上戦闘である。今で言えば、海兵隊に相当する。そのため騎馬部隊から逆襲されると弱かった。フランスの騎士団はヴァイキングを撃破し、住民を守ることによって封建制度を自然に作り上げたのである。

北九州における倭寇の主な基地は、対馬、壱岐、松浦《まつら》、平戸、五島列島である。五島列島の山々は低い灌木《かんぼく》が多くて見晴らしがよい。入り組んだ湾は深くて停泊にも最適である。広さがないのが欠点といえば欠点かもしれない。

## 日朝連合の倭寇（前期）

さて、倭寇が歴史に残る初舞台は、一三五〇年二月、兵力約二五〇〇の倭寇船団約七〇隻が朝鮮半島沿岸の固城《コソン》、竹林《チュンニム》、合浦《ハッポ》、巨済島《コジェド》を襲撃したときである。もっとも倭寇軍団の中身は、大部分（八割以上）が元・高麗に不満をもつ南部朝鮮人が日本倭寇の船団力を頼って参加したもので、襲撃地点の情報に詳しかった。さらに、四月に一〇〇隻、五月に六六隻の倭寇船団が順天《スンチョン》を襲撃した。

翌年、倭寇の襲撃に呼応して、首都開城《ケソン》近くの京畿道《キョンギド》で、高麗王朝に反対する紅巾《ホンゴン》農民暴動が発生した。この暴動に乗じて、倭寇は朝鮮半島の黄海《ファンヘ》沿岸に沿って京畿道を荒らした。大胆な襲撃である。

高麗軍は紅巾農民の暴動鎮圧を続けたため、紅巾部隊は次第に南下した。これに伴って一三六二～六三年、倭寇は紅巾部隊を支援するため、朝鮮半島南岸地帯を盛んに襲撃した。

一三六八年、中国では元王朝が滅びて明王朝となる。高麗は朝鮮に駐留していた元軍を追い出して秩序を回復すると、倭寇は一三七六年の公州《コンジュ》襲撃を最後として活動は難しくなった。それは一三七七年に高麗の使者が博多を訪れて九州探題の今川了俊《いまがわりょうしゅん》に倭寇取り締まりを要請し、了俊はこれにできるかぎりの努力を約束したからであろう。

また、高麗軍は海軍を創設し、倭寇船団を海戦で討伐するように戦略を転換する。このため一三八〇年、高麗艦隊は鎮海《チネ》の海戦で倭寇船団五〇隻を撃滅。さらに一三八三年、南海島《ナメド》沖の海戦で倭寇船団一二〇隻を撃破した。この二つの海戦で制海権は高麗海軍が握った。

そして一三八九年、高麗艦隊一〇〇隻が対馬の浅茅湾《あそうわん》を奇襲攻撃して、倭寇船三〇〇隻を焼き払い、捕らわれていた朝鮮人百数十人を救出した。迎撃した宗軍は大損害を受けた。

一三九二年、高麗の武将李成桂《イソンゲ》が高麗王朝を滅ぼして李氏朝鮮《イシチョソン》を建国し、首都を漢城《ハンソン》（ソウル）とした。一方、今川了俊の倭寇取り締まりの効果が次第に成果をあげ、倭寇は沈静化に向かった。一三九五年と九六年、九州探題や大内氏などが倭寇によって拉致された人々を朝鮮に送還した。一四〇〇年には対馬の宗氏が朝鮮に贈り物をし、一四〇七年と一四〇九年の二回にわたり、将軍・足利義満が朝鮮に友好関係設立の使者を送った。

こうして朝鮮・足利幕府が国交関係の回復に努めている矢先に、対馬の倭寇が朝鮮南岸を襲撃した。これに怒った朝鮮艦隊二二七隻、兵力約一万七〇〇〇が巨済島を出撃し、三日間で対馬沖に進出した。島民は倭寇が帰還したと誤解して出迎えたとき、朝鮮艦隊は浅茅湾に侵入して倭寇船を焼くとともに湾の北側、仁位《にい》（豊玉町）を奇襲した。戦闘は激烈をきわめ戦線が膠着《こうちゃく》したが、対馬軍が台風接近といううわさを流したため、朝鮮軍は撤退した。日本側の損害は戦死者一一四名、家屋焼失約二〇〇〇戸である。

この事件のあと、日朝両国は関係改善に努力し、一四二六年、日朝は慶尚道《キョンサンド》の鎮海《チネ》、釜山《プサン》、蔚山《ウルサン》を正式の貿易港と定め、それぞれの港に外交官を接遇する日本の館「倭館」が建築されることになった。この良好な日朝関係は、一五一〇年の「三浦《サムポ》の乱」まで八十四年間続く。

ともあれ、倭寇（前期）は実質的に一三五〇～一三七六年の二十六年間をもって終焉した。前期の倭寇の主役は、すでに述べたように日本人と朝鮮人で、主基地は対馬、壱岐、松浦、平戸、五島列島であり主な襲撃地は朝鮮半島の全海岸と中国北部の山東半島であった。

## 大航海を可能にしたジャンクの開発

十五世紀の前半、明王朝は名提督鄭和《ていわ》の指揮のもとに、大艦隊をもって大航海を実施した。この大航海は、西太平洋のインドネシア海域とインド洋に明王朝の制海権を確立し、東アフリカ海岸や紅海に至る航路を確実にした。これは十五世紀末から十六世紀初期における西欧の大航海を東側から準備したものであった。

この鄭和の大航海が可能になったのは、中国が外洋ジャンクの開発に成功したからである。南京の宝船《ほうせん》廠《しょう》で造船されたジャンクは、防水性の区画式船体となっていて、全長一五〇メートル、船幅六二メートルあり、現在の八〇〇〇容積トン級輸送船に相当するものであったといわれている。

鄭和の大航海は、一四三三年の第七次航海の帰国をもって終了した。明朝廷の無関心と漢民族が海洋指向ではないことがその基本的な理由であったが、同時に内乱が発生するようになったためでもある。そこで明王朝は、内乱を支援する海からの干渉を遮断するために、次第に鎖国的な海洋政策をとり始めた。

一五五二年から始まったとされる後期の倭寇は、前期の倭寇と違って主役は日本人と中国人であり、主基地は平戸、五島列島と薩摩の坊津《ぼうのつ》および沖縄で、主な襲撃地域は長江河口の両岸地域から寧波《ニンポー》、福建、台湾、ベトナムである。

鹿児島県の西南端の久志湾は、広く、深く、倭寇船を隠すのに最適であり、その奥にある坊津も陸地からの攻撃に対して防御しやすい。それだけでなく、坊津から出航すれば南西諸島に沿って沖縄に南下し、そこから上海や台湾海峡の両岸を襲撃できる。しかし、本書では対馬暖流から黒潮の本流まで倭寇の航跡を追わない。彼らが対馬・朝鮮海峡に残した航跡だけを眺めてみよう。

## 日中連合の倭寇（後期）

「海禁（鎖国）」政策をとった明王朝は、朝貢船以外の商船は一切受けつけない。日本も、勘合貿易という政府間の取り決めでときどき朝貢船を送っていた。もちろん中国の商船も海外に出ることは許されない。

朝貢とは、明の皇帝が世界でいちばん偉いことを認めて「事大の礼」を行ない、貢物を差し出せば明王朝は望みのものを下賜するというシステムである。プライドのある為政者なら、こんなばかげた貿易システムを容認するわけはない。日本側には不満がたまっていたが、何しろ戦国時代である。為政者といえども、自分が生きるか死ぬかわからないときに国家外交もくそもあったものではなかった。

中国沿岸の商人たちにとっても海禁政策は生計を破壊する政策であった。この政策が生み出す当然の結果は「密貿易」である。それは無法行為だから「毒を食らわば皿まで」で、あらゆる無法を生み出す。

海禁を破って商船を出し、大陸沿岸の有力者や地方官僚と組んで密貿易で巨利を築くものがすぐに現われた。彼らは平戸や五島列島のみならず、九州各地に出張所を持ち住み着いた。

明王朝は当然取り締まりを強化したが、彼らはすぐに倭寇たちと手を組む。こうして日本・中国連合の海賊が誕生した。明王朝は彼らをひとまとめに倭寇と呼んだが、実態は中国人が八割である。

元塩商人であった中国安徽《あんき》省出身の王直《おうちょく》は、数一〇〇隻の船団に二〇〇〇余の海賊を部下とし、五島列島を根拠地として、主に中国の東シナ海沿岸を荒らし回っていた。平戸に豪邸を建設し、日本の諸大名とも商売した。

海賊・王直の襲撃のとばっちりを受けたのが朝鮮である。一五五五年、王直の率いる倭寇船約七〇隻が朝鮮半島南岸の達梁浦《タルリヤンポ》を襲撃した。たまりかねた朝鮮は、対馬の宗氏に対し、王直取り締まりを要請する。宗氏はこれを約束した。それにもかかわらず、王直は三年間続けて大船団を率いて二〇〇回以上も出撃した。しかし、ついに浙江省《せっこう》総督の胡宗憲《こそうけん》に捕縛されて処刑された。

さらに一五六一年、中国の将軍戚継光《せきけいこう》が浙江省の倭寇討伐に成功し、これ以降、後期の倭寇も活動が静まった。実質的に後期の倭寇が活動した時期は、一五五二〜一五六一年の九年間である。しかし、いずれにしても明王朝は「満州・モンゴル」の襲撃と「倭寇」で衰退した。倭寇のヒット・エンド・ラン作戦は、明王朝の海外進出を妨害したのだ。

第三章

# 対馬海峡の戦跡(2)

## ――信長と秀吉の大陸外交

李舜臣像（釜山）

# 1　「征明」への野望と戦略

## 海戦の革命が始まっていた

十六世紀の世界の軍事界は、「火薬の導入」によって欧州では大変革が行なわれていた。この欧州の軍事革命は、結果的にアジアの大部分を支配することになる。

世紀末までに、世界の海軍はガレー船艦隊から遠洋航海可能な帆船艦隊に転換していた。ガレー船は戦闘時の主動力がオールで、帆は補助動力として設計された船である。船幅は船の長さの約五分の一で、細長い船形をしている。波の影響の少ない海域では小回りが利き、運動性がよい。しかし、海戦の主な戦場が、地中海から大西洋、インド洋、英国海峡に移るようになって役立たなくなったのだ。

西欧の軍艦は縦帆と横帆を巧みに組み合わせて、逆風でもジグザグのZ形に航行する操船術（シーマンシップ）を会得していた。帆船の舷側にはさまざまな大砲が搭載され、海戦は「砲撃戦」の時代になっていた。この結果、海軍戦略に革命が起き、海洋国家の主戦域は地中海から大西洋へ、大西洋からインド洋、インド洋から南太平洋へと広がっていた。西欧艦隊の脅威はフィリッピン、台湾まで接近していたのである。

それゆえ、十六世紀は陸軍の将軍よりも海軍の提督が注目された時代であった。数名の優れた提督の中に、世界で最初に装甲艦を開発し、実戦において活躍した李氏朝鮮《イシチョソン》の提督李舜臣《イスンシン》がいる。

朝鮮に大砲が導入された時期は不明だが、明王朝より遅れていたことは間違いない。しかし、艦艇に搭載して矢弾を射つ大砲は、日本の軍船の側板を破壊する威力があった。

世界で最初の装甲艦が李舜臣提督によって製造された。「亀甲船《コブクソン》」と呼ばれるこの軍船は、敵兵が乗り込めないように低い甲板を棘のついた鉄板で覆ったガレー船（主動力がオール、補助動力が二本マストの横帆）であった。

極東ではガレー船はあまり普及していなかった。黒潮が強力であったので、ガレー船では外洋にはほとんど出られなかったのである。もちろん「亀甲船」は多島海の朝鮮半島南岸では有効であったが、朝鮮・対馬海峡を横断するには不向きであったようである。

全長約三五メートル、全幅約九・八メートル、全高約六メートルの均衡のとれた船形の亀甲船は、船首に頑丈な衝角《しょうかく》（beak）を持ち、舷側の鉄板の窓（ポート）には片舷六〜一〇門、正面に二門のカノン砲相当の矢弾を射つ大砲を備え、狭間銃眼《はざまじゅうがん》（embrasure＝朝顔形の銃眼）からは

李舜臣によって製造された「亀甲船」の模型（ソウルの戦争博物館）

弓射手が火矢を射撃するようになっていた。

戦闘の主眼は砲撃戦と衝突である。この時代の日本の海戦の戦闘ドクトリン（教義）は、西欧のガレー戦の戦闘と同じように横陣に展開し、弓射戦で始まり、敵艦に乗り込む格闘戦で頂点に達するものであるから、亀甲船の戦闘ドクトリンは日本のそれよりはるかに優れていた。極東では、衝角を艦首につけることや狭間銃眼をつける設計概念はなかった。

十六世紀以前の海上戦略を考える思考は、おおまかに言えば陸上戦略のそれに近かった。しかし、広大に開けた海洋を利用して、国家政策と経済利益を実現するために海上権力を利用すれば効果が大きいことについては、すでに十五世紀に、中国の明王朝の提督鄭和《ていわ》がかすかな兆候を示していた。また、国家目標の達成を支援するために海洋権力を使用するという概念が、ポルトガルの提督アルバカーキーの心の奥深く秘められていた。地球儀を眺め、世界の覇権を考える時代がきていたのだ。

同時代の信長、秀吉が欧州の指導者と同じスケールで世界の覇権を考えてもおかしくない。言い換えれば、彼らこそ世界水準のスケールの人材であったということである。アルバカーキー提督は、

「海洋を制するためには、まず敵の艦隊基地を陸軍によって奪え！　そして艦隊基地を確立せよ」

という、アレキサンダー大王の原則を学んでいたようだ。

## 軍事を忘れた中国と朝鮮

十五世紀後半から十六世紀の間、中国の明王朝と李氏朝鮮には奇妙な病気が発生していた。「軍事嫌悪症」という病気である。中国と朝鮮の政治家や官僚たちは軍事に関する知識を失っていたばかりでなく、勉強しようともしなかった。これでは国際政治の中で外交も経済も砂上の楼閣となるしかない。

したがって、軍人たちは冷遇されていた。そうなると、当然国家の基盤が緩むだけでなく崩壊する。両国の隣には、海を隔てて戦国時代に鍛えられた武将たちが腕をさすっている日本が

あった。

当時の中国の軍事力は公称で約三二〇万、実勢で約六〇万である。そのうち朝鮮半島の防衛に派遣できる兵力は一〇～一五万程度であった。

明軍の艦艇は、鄭和提督以来の造船技術を受け継ぎ、日本の軍船（和船）より頑丈な構造船であったが、日本や朝鮮の艦艇より少し小型の帆船であった。もちろん、大陸国家の海軍だから海洋が嫌いな朝廷からは軽視されており、海洋戦略などあろうはずがなかった。彼らの海軍は、ひたすら倭寇対処が主な任務の沿岸艦隊であった。

十六世紀末の李氏朝鮮《イシチョソン》の軍事力を眺めてみよう。この世紀の間、李氏朝鮮は度重なる倭寇の襲撃に悩まされ、かつ国内においてもしばしば騒乱が発生して、政権の統治力は衰退する方向にあった。

世紀末に日本の脅威が出てきたので朝廷が国防に神経を払うようになり、各道《ド》（行政区の単位）の陸海軍が少しばかりの自助努力を行なうようになったものの、基本的に明王朝の軍事力に依存する「事大主義」で、日本の軍事力に対抗できるものではなかった。

李氏朝鮮は、明王朝の軍人軽視の傾向に右へならえして、文官（文班《ムンバン》）優位の政治体制をとったため軍人（武班《ムバン》）は一段低く扱われていた。国防戦略でさえ儒教の法理で語られていたのである。これでは勝てるわけはない。

軍の最高指揮官（都元帥《トウオンサ》）は平時には任命されていなかった。軍団長も、その上の軍司令官も平時には任命されていなかった。平時に司令官がおらず、司令部もない軍隊に国防戦略などあろうはずがなく、当然ながら作戦計画もない。明・朝鮮軍の共同作戦計画も作戦調整機構もない。これでは軍事同盟も絵に描いた餅であった。

朝鮮陸軍の組織を概観すれば、「地域軍組織」（座布団やカーペットのようなイメージ）のみで、敷かれた座布団の上を縦横に機動する強力な機動部隊はなかった。今日の陸上自衛隊に似ている。建前の編制兵力は約二〇万であったが、実勢力は約六万である。八つの道に分ければ、一道あたり七五〇〇名しかいないことになる。

海軍の組織も陸軍の組織に似ていた。各道に一～三の基地を設け、それぞれの基地に司令官（水使《スサ》）を任命したが、連合艦隊司令官も地方（道）艦隊司令官も平時には任命されていなかった。

主力戦艦の大きさは長さ約三三メートル、幅約一二メートルで中国のジャンクの構造である。隻数は大型と中型のみを数えると慶尚道《キョンサンド》八〇隻、全羅道《チョルラド》六五隻、忠清道《チュンチョンド》四五隻、京畿道《キョンギド》三六隻、その他の道の合計四〇隻であった。

## 活火山――戦慣れした日本の武士たち

十六世紀の日本は「戦国時代」であり、最も活力に満ちた「発展の時代」でもあった。それは三代にわたる武将たちの生涯とほぼ合致して、三期に区分されよう。

第一期は応仁の乱からの群雄割拠の時代である。第二期は、信長が天下布武を宣言したときから朝鮮撤退までの創造と外向きの時代である。第三期は鎖国までの凝固と内向きの時代である。歴史のサイクルは、既成体制の破壊→創造と発展→保守と凝固、となるらしい。

信長はジンギス・カーンに似てきわめて現実主義だった。だから宗教にこだわらない。その最大の成果は「政治と宗教の分離」であった。西欧では、十六世紀末にフランスのアンリ四世がナントの勅令を発令して長く続いた宗教戦争に幕を引き、「政教分離」を行なった。洋の東西で偶然にも政教分離が行なわれたのである。

一五九〇年ごろの日本の軍事力を兵力から眺めてみる。当時の米の生産高は日本全体で約二二五三万石（約一八〇万トン）、一万石（八〇〇トン）あたり兵士二五〇名（一人あたり約三・二キロ）の比例をもって換算すれば、全国総動員をかけると約五六万の兵力数になる。

しかし、京都・大坂以東と以西の動員を同じにすることは不可能であるから、朝鮮半島からの距離に応じて動員割合を逓減《ていげん》したので、動員可能兵力は朝鮮に侵攻する兵力約二〇万、北九州に待機する戦略予備約一〇万、京都朝廷守備兵力三万の合計三三万であった。

日本の軍制は、秀吉が全国を統一して間もないころだったので中央集権は確立しておらず、実態は戦国大名の軍隊を寄せ集めたような組織であった。この点では、西欧よりはもちろん、中国や朝鮮よりも遅れていた。日本の軍制が西欧並みの中央集権制になるのは、実に明治維新においてである。

各大名の部隊の戦闘部隊と兵站《へいたん》部隊の兵力の比率は、平均四五対五五であった。当時の西欧軍の比率は三五対六五であったから日本軍の兵站支援力は弱い。長く国内戦を行なってきたためである。戦闘員の主装備は平均すると小銃が三〇～四〇パーセント、弓矢が一〇パーセント、五〇～六〇パーセントが槍であった。この比率は当時の先進的な西欧軍と同じである。

十六世紀の日本海軍は、主として瀬戸内海の戦闘で育った。倭寇育ちは全兵力から見れば少ない。主力は瀬戸内水軍と紀伊・志摩水軍である。

艦艇は大型船（安宅船《あたかせん》―約一〇〇〇石＝七一・六トン積）、中型船（関船―約五〇〇石積）、小型船（小早船―約二〇〇石積）と推定される。いずれも帆船であり、接岸や戦闘時のために四〇～八〇丁の艪《ろ》を備えていたが、龍骨（船首から船尾まで船底の中心を貫通する材）がない構造で激突に対して弱かった。安宅船の大きさは、長さが約三三メートル、幅約一二メートルで西欧の主力戦艦と不思議にサイズが似ていた。ちなみに七一トン積の大型船の場合、一人分の平均重量を五〇〇キロとすれば、約一四〇名が乗船でき、戦闘員八〇名、水夫六〇名という割合になったようである。

信長や大内氏は瀬戸内海における海戦の経験をもっていたが、大部分の戦国大名たちは、豊臣秀吉も含めて陸戦戦略で育ってきたので、海洋戦略は知る由もない。しかし、武士たちの外向き志向は強く戦《いくさ》慣れして士気が高かった。まさに活火山そのものであった。

## 信長の「征明」構想

織田信長に対する評価はさまざまである。しかし、戦国時代において、創造と外向きの時代をリードした点では誰も異論はないだろう。岐阜と京都を往復して「天下布武」に専念していた信長は、世界の情勢を知ろうとして積極的に人種、文化、階層、宗教を無視し、情報を有する人物を接見して外国の情報を集めた。安土城に移った彼は、新戦闘ドクトリンを開発し、旧来の位階勲等をあざ笑って実力主義を尊重した。祖先代々の部下でも無能であれば追放し、放浪の有能な士を抜擢《ばってき》して活躍させた。

城持ち大名システムを嫌い、部下は次々と新しい任地に転任させた。城主イコール領主と思い込んでいた旧来の武将たちは仰天した。信長の部下は、一野戦軍の司令官にすぎなかったのだ。彼はひそかに軍事と政治の分離を考えていたのかもしれない。信長の施策の奥を推測すれば、彼の目標は単なる日本統一ではなく、「革命」であったといえよう。

信長は安土城にあって、地球儀を回しながら世界を見ていたと想像することはかたくない。そして信長の側近であった秀吉が、この影響を強く受けていたと想像することもかたくない。

秀吉は安土から出陣にあたって部下武将を集め、

「中国地方を平定すれば、諸君にあげよう。自分は信長公から九州平定の任務を受けることになるだろう。九州を平定すれば、九州の兵を指揮して朝鮮に進出し、明国を成敗することになる」

と明言した。信長は自分の意図外のことを先取りして発言すれば、厳罰をもって臨んだといわれている。もしそうなら、人一倍出世欲が強く、信長のご機嫌に慎重な秀吉がこんな発言をするとは考えられない。この内容は信長の意を受けていなければありえないことになる。

そのように推測すると、秀吉の明国侵攻作戦の構想、「征明」は信長の構想であったといえよう。

## 「下克上の輸出」をした信長

大陸国家は生存を大地に依存している。土地の支配は社会システムの基本である。大地からの資源の供給を安定化させるには、階層社会を作るのがよい。儒教はそのような社会構造を正当化する最適の論理をもっていた。そのため朝鮮半島の人々も儒教原理主義にどっぷりと染まっていた。

ところが、現実主義者であった信長の思考には、政治理論としての儒教の束縛はない。儒教の論理は信長が最も嫌った論理である。だから、「征明」作戦は儒教を尊ぶ世界から言えば、「下克上の輸出＝宗主国の否定」である。信長亡きあと天下を統一した秀吉の「征明」作戦の目的は、「明王朝との対等な地位の確立と貿易」であったといえるだろう。

後期の倭寇が鎮静化したとはいえ、日明関係は冷却状態そのものであった。それだけではない。中国も朝鮮も十数世紀にわたって日本をさげすんできた。日本は「東夷」「倭国」「棄国」と呼ばれ、中国に赴いた日本の使節は李氏《イシ》朝鮮《チョソン》の使節より下級に取り扱われた。これだけ侮辱すれば侵略されるのも当然である。信長は「国家の尊厳」を知る武将だった。

その信長の遺志を受け継いだ秀吉は、朝貢貿易を請うなどはもってのほかという感覚である。のちに英国が対等な貿易と開国を清王朝に迫り、アヘン戦争を起こしたのに似ている。

秀吉が北部中国を征服して部下に領地を分け与えると発言したという話をまともに受けて、秀吉が北部中国を占領しようとしていたと解釈するのは軍事理論として無理がある。十六世紀最大の遠征兵力であるとしても、占領地行政を敷ける兵力ではないからである。

地球儀を回しながら、信長と秀吉は、もし明国がこのまま「海禁」政策を続けるとしたら、はるか遠く西欧からアジアに進出してきている西欧の覇権が日本に向かってくることを憂えたのだろう。

日本は戦国時代を経ることによって革命に成功するかもしれないが、西欧の圧力に対抗できる態勢にはない。そうとすれば、明国を弱体化させ、「ハイエナ」のような西欧諸国の関心を明国に振り向かせることが必要であるという判断が、この「征明」作戦の着想の背後に隠されていたかもしれない。

## 怖いものは考えない

信長が明智光秀の謀反によって殺されたため、「征明」作戦は十年ほど遅れた。一五八七年、秀吉が九州平定を完成するや、諸将を集めて「明を征服する意図」を明らかにし、雄図再開の態勢を取りはじめた。博多の復興を急がせるとともに、対馬の領主宗義調《そうよししげ》と義智《よしとし》を筥崎《はこざき》に呼び、朝鮮侵攻の前衛部隊を命じようとしたが、宗親子は、

「侵攻する前に、朝鮮に対し、日本に入朝（属国化）するように申し入れたい」

として秀吉の許可を得た。これが秀吉の「征明」作戦の第一段階としての日朝交渉の始まりとなった。

李氏朝鮮の国王宣祖《ソンジョ》は、政治に疲れを見せはじめていた。権力を握っていた士林党《サリム》（文班《ムンバン》）は、東人派と西人派に分かれて権力抗争に明け暮れていた。朝廷は「朱子学」を政治の理念とし、

みずからを「小華」と呼び、明王朝に事大の礼をとることを国策の基本として日本を「東夷（東の蛮族）」と見下し、さらに明国から朝貢貿易すら許されていない日本を「棄国（見捨てられた国）」とさげすんでいた。その極東の蛮族の窓口、対馬の宗氏から「通信使（外交使節）を送れ！」という要求を受けたのだから怒り心頭に発する。明国の属国を自認する朝鮮は宗主国の許可なしに外交はできない。答えは「ＮＯ！」。

外交の極意は、厳しい要求を婉曲に言うことである。厳しい要求には、将来の妥協における譲歩分も取り込んであるから、大げさな要求を最初に相手にぶつけることになる。ところが、宗氏の交渉は初めから〝厳しい〟部分を骨抜きにして交渉に入っている。そのため、朝鮮朝廷は強気に出て、「生意気言うな！」と返答した。

朝鮮朝廷の中には戦争準備を主張する人たちがいたが、戦争を嫌う文官たちは聞く耳をもたず、強硬派はすべて左遷された。一五八九年、日本はふたたび外交使節を朝鮮に送ったが、朝鮮国王は面会を許さない。かろうじて、「対馬に抑留されている朝鮮人の解放」という条件で国王に面会できたが、返答は先延ばしされた。

そうはいうものの、朝鮮は明国に許可を得ることなく使節を日本に派遣して日本の真意を調べることにし、一五九〇年、朝鮮の使節が日本を訪れ、日朝友好関係の樹立を受諾すると返答した。小田原の北条攻めを終えた秀吉は、朝鮮が日本を宗主国とすることを認めたと誤解した。

しかし朝鮮がそんなことを言うはずがない。

慌てた対馬の宗義智は、翌年朝鮮使節とともに漢城《ハンソン》（ソウル）に行って、

「日本が明国を攻撃するから、進路を開けよ」

と要求した。朝鮮は仰天した。朝廷ではさまざまな意見が出た。それは単なる秀吉の誇大妄想で、日本は明国を攻撃できないとする判断（東人派）と、どうやら日本の軍事力は強いらしく、本当に攻めるかもしれないという意見（西人派）である。

国際情勢の判断が同じで対策が違うならまだしも、判断の違いが国内派閥争いの種になった。これではどうしようもない。結局、朝廷も文班も〝最悪の事態を想定する〟ことを嫌った。最悪を想定すれば、武班《ムバン》が台頭すると思ったのだ。国家の安全よりも権力維持が優先されたのである。この点では東人派と西人派の意見が一致し、結局、「日本軍が攻撃してくる公算は少ない」と考えることにした。

願望と恐怖の足し算だから外交は腰が引ける。そうなると、宗主国にどう報告するかが議論の主題になった。何しろ、明朝廷の同意なく日本に使節を送ったのだから……。

明国には、日本が攻撃するかもしれないと警告するにとどめ、日本には「ＮＯ！」と返事した。万一の場合は、宗主国明が大軍を送ってくるものと信じていたのだ。いや、そう信じなければ国策が砂上の楼閣になる。

しかし、明王朝は琉球と薩摩からもっと正確な情報をつかんでいた。予想される日本軍の侵攻軸は、第一案が直接に山東半島に上陸。第二案が朝鮮半島を経由して侵攻。そして第三案が朝鮮は日本に寝返るであった。だが、明軍は日本軍の侵攻戦力を小さく見積もった。当然、後期倭寇の侵攻に対処した経験が参考になる。明は第一に沿岸防衛を固めること、第二に満州の反明勢力を討伐すること、第三に李氏朝鮮《イシチヨソン》との国境を固めることに決定した。当初から朝鮮を防衛する案はどこにもない。こうして朝鮮朝廷の明国に寄せる信頼と明王朝の対策がずれることになる。

## 李朝廷の海軍戦力

怖いことを考えたくない李朝廷も、さすがに防衛準備の努力を行なうことにした。朝鮮軍は、日本軍の侵攻可能兵力を驚くほど小さく見積もった。せいぜい大規模な倭寇程度で、内陸奥深くへは侵攻できないと判断した。大きく見積もれば対応策がとれないからである。自分の体格に合わせてけんか相手の体格を勝手に想定するようなものである。大きく見積もれば朝廷から拒否反応を受ける。

そうなると、防衛の第一線は海軍である。当時の海軍戦力は実勢約三万であった。編制は八つの道《ド》に区分されていた。全部の艦艇を集めて運用するという連合艦隊の思想はない。各地区に区分された沿岸警備隊のようなものである。

しかし、倭寇対処であれば、南部朝鮮半島の全羅左水使《チョルラチャススサ》艦隊と慶尚右水使《キョンサンウススサ》艦隊の兵力をそれぞれ一万に増加するとともに、東萊城《トンネソン》と釜山鎮《プサンジン》の兵力をそれぞれ六〇〇〇に増加すれば十分だとした。両道の海軍司令官は次のとおりである。

- 慶尚左水使《キョンサンチャススサ》艦隊（慶尚道の日本海の防衛を担当）—水営《スヨン》（基地）は釜山で、司令官は朴泓《パクホン》。
- 慶尚右水使《キョンサンウススサ》艦隊（慶尚道の朝鮮海峡の防衛を担当）—水営は巨済島《コジェド》西南端の加背梁《カベリャン》で、司令官は元均《ウォンギュン》。
- 全羅《チョルラ》左水使艦隊（全羅道の朝鮮海峡の防衛を担当）—水営は麗水《ヨス》で司令官は李舜臣《イスンシン》。
- 全羅右水使艦隊（全羅道の黄海《ファンヘ》の防衛を担当）—水営は海南《ヘナム》で司令官は李億棋《イオッキ》。

李舜臣はこの年（一五九一年）、「全羅道左水軍節度使（道左翼艦隊司令官）」に着任したばかりである。今日よく知られている彼の銅像は、ソウルの大通りの中央と釜山市の龍頭山《ヨンドゥサン》公園に立っている。対馬の方向をにらんでいるのだ。

## 李舜臣提督の人となり

李舜臣の戦争日記の英文翻訳者が書いた序文によれば、彼は第一二代李氏朝鮮王仁宗《インジョン》の初年度にあたる一五四五年四月二十八日、漢城《ハンソン》乾川洞《コンチョンドン》の徳水《トクス》李氏《イシ》の第三子として生まれた。少年のころ、文学に優れていたが、同時に武術にも優れ、彼自身はペンよりも剣を好んだ。二十一歳から軍事を勉強し、二十七歳のときに軍事訓練所に入学した。三十一歳で正規軍人試験に合格して咸鏡道《ハムギョンド》に赴任した。そして足かけ三年の勤務を終え、三十三歳で漢城に帰って軍事訓練所の教官になる。

その後、咸鏡道造山《チョサン》基地の水軍に勤務する（海軍軍人になる）。一五八六年、朝鮮半島東北部沿岸における海戦で女真族軍と戦い、戦功をあげた。しかし、すべて純粋に軍事理論に基づいて意見を述べる「有事型」軍人だったので、上司から煙たがられ、さらに言葉遣いが乱暴で態度が剛直だったので、しばしば冷や飯を食わされた。

一五八九年、四十四歳で全羅道の井邑《チョンウプ》の県監という指揮系統から外れた閑職に就いた。ところが日本の脅威が大きくなると、二年後、戦歴のある彼が抜擢されて四十六歳で地方艦隊司令官に栄転したのである。しかし、当時の男子の平均寿命から見れば、きわめて遅い昇進であった。彼はただちに海戦の歴史をひもとき、李王朝の太宗《テジョン》の時代に臨津江《イムジンガン》において装甲防護力を有する軍船が有効に戦ったことに着目し、このアイデアを取り込んで造船工に「亀甲船《コプクソン》」の設計・造船を命じたのであった。

## 作戦準備を進める秀吉軍

前年夏に対馬の宗義智から朝鮮の返事を聞いた秀吉は、一五九一年十月に主指揮所として名《な》護屋《ごや》城（現在の佐賀県東松浦《ひがしまつうら》郡鎮西《ちんぜい》町名護屋）の建設を命じ、加藤清正などの努力によって約五カ月で完成する。この地は神功皇后の朝鮮作戦の主基地であったといわれている。伊万里湾と唐津湾の間にある小さな湾に面しているが、奥行きが深くて風波が立たない湾で、通信船の出入りに便利だったのだろう。通信船は海峡を七日間で横断できた。

作戦用の艦隊は、すべて博多湾を主基地にした。そして、一五九二年正月から一五万八〇〇〇余（大本営参謀本部編『日本戦史――朝鮮役』）の兵力と数百隻の軍船が続々と北九州に集中した。数多くの商人や技術者も九州に移り住む。この情報が李朝廷に入らないはずはない。いかに対馬の宗義智軍が警戒線を張って朝鮮海峡を渡る商船を阻止しても、日朝貿易の恩恵を得ていた人々から情勢の緊迫が伝えられないことはない。李王朝は最高度の臨戦態勢を取るべきであった。

明も秀吉の作戦準備の情報を入手していた。宗主国は属国防衛の義務を果たすべきであったが、それどころではなかった。明では、遼東で反乱が発生したため、新たに李如松《りじょしょう》を遼東総督に任命し、反乱を鎮圧するため兵力を動員中であった。

現在の日本では、侵略の開始時期の定義について意見が分かれている。一般的に、法律家は「具体的に主権が侵害されたという証拠があったとき」と言うが、少しでも戦理がわかるなら、

「作戦準備を開始したと戦理的に判断するとき」である。証拠などは不要である。

ところが、外交を担当する政治家・官僚は何事も穏便を好むから、「仮定としての最悪の事態」を論じ、対策を講ずることに躊躇《ちゅうちょ》する。

「相手軍の動きを戦争準備と仮定して対策を講ずれば相手を挑発することになり、不見識である」と……。

こうして多くの国々が〝無処置の奇襲〟を受けることを歴史は教えている。

ともあれ、このときの李朝廷の反応は鈍かった。中央だけではない。第一線部隊指揮官の反応も鈍かったのだ。

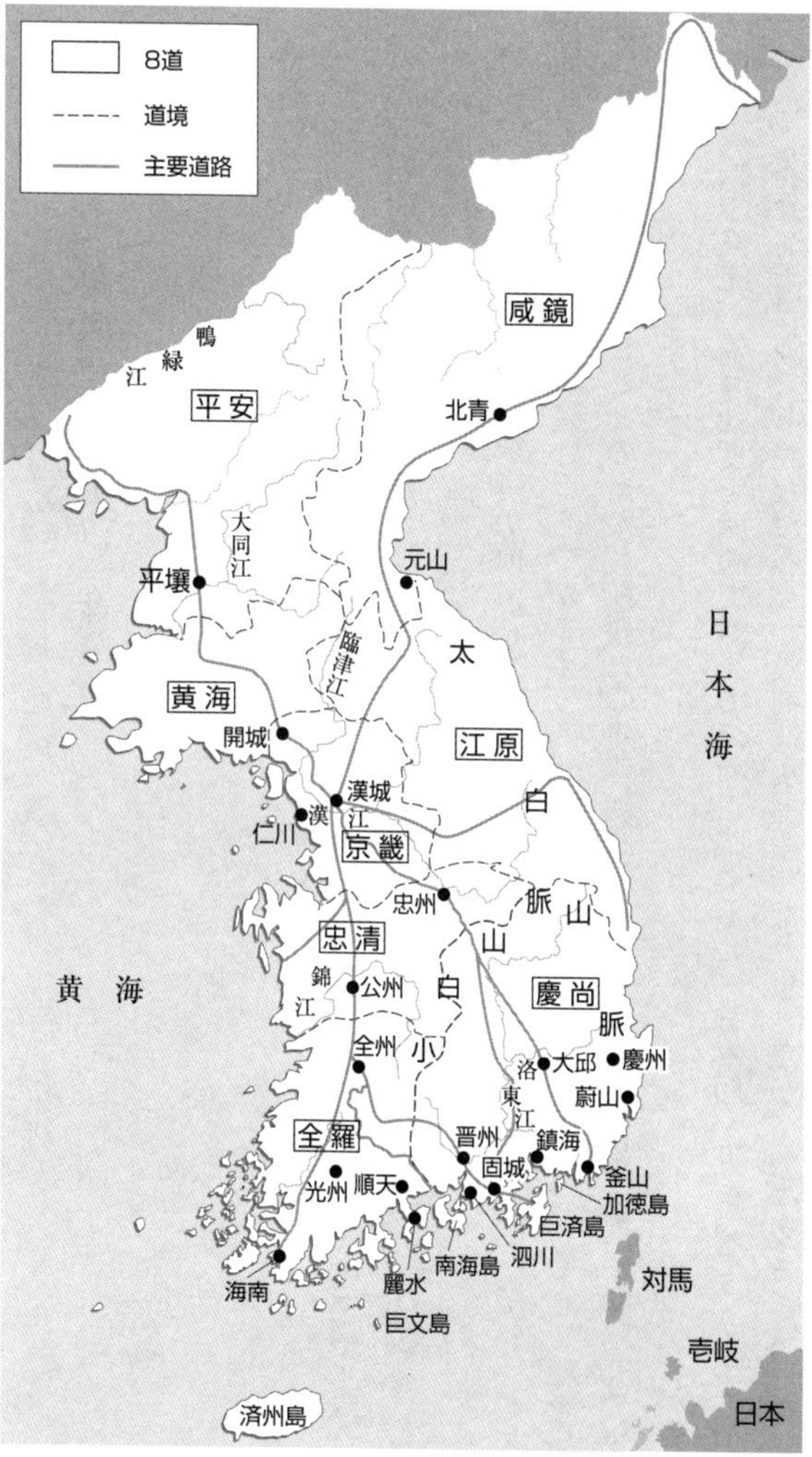


『ブリタニカ国際大百科事典』第13巻（TBSブリタニカ）の図をもとに作成

# 2 文禄の役（一五九二年）

## 奇襲になった文禄の役

一五九二年四月十二日、朝鮮海峡は晴れていた。釜山鎮城《プサンジンソン》の指揮官鄭撥《チョンバル》は、警戒網を張るところか、朝から大勢の部下を連れて釜山港の出口の沖合にある絶影島《チョリョンド》に狩りに出かけていた。この島からは、晴れた日には対馬をはるかに遠望できた。

対馬では午前八時、宗義智《そうよしとも》軍が前衛となって小西行長軍約七〇〇隻（兵力約一万八〇〇〇）が大浦湾を出港し、南風の追い風をつかまえてスピードを上げ釜山を目指した。そして絶影島に近づくと、戦闘陣形をととのえた。前衛九〇隻、戦闘部隊二六〇隻、兵站《へいたん》支援船団三五〇隻である。

鄭撥は猟を終え、帰り仕度を始めて対馬のほうを眺めると、日本船が近づいてくるのに気がついた。多分前衛艦隊であっただろう。最初は貿易船団だと思ったが、数の多さに驚いた。普通は日本・朝鮮間の取り決めで二五隻以下である。大規模な倭寇かもしれないと思い直した彼は大急ぎで釜山鎮城に帰り、独断で兵を集めて戦闘準備を開始した。この城は山を背にして海に直面する要害である。

このころ、全羅道《チヨルラド》の麗水《ヨス》では、李舜臣《イスンシン》が亀甲船《コブクソン》数隻の運航試験と艦砲射撃の試射を行なっていた。テスト結果は上々である。

彼は海軍作戦について本能的に理解していたようである。彼の日記を読むと、海上戦略は基地と艦隊の組み合わせであると考えていた形跡がある。

李舜臣は陸上からの攻撃にも対して広域を囲い込む濠を掘らせ、その中に船大工と大砲職人、弾薬職人を住まわせ、食糧の備蓄にも余念がなかった。担当海域の島々には灯台と監視所を設け、狼煙《のろし》信号を定めた。艦隊については陣形運動を整斉と行なうため、旗信号と火矢信号を開発して訓練していた。

彼が日本軍の侵攻を知ったのは、この日の午後八時、慶尚右水使《キヨンサンウスサ》・元均《ウオンギユン》からの連絡船による。続いて慶尚左水使《キヨンサンチヤスサ》から釜山に約三五〇隻の日本艦艇が停泊しはじめたとの連絡があった。

十二日夜、釜山と絶影島付近で一夜を過ごした日本軍は、十三日朝早くから濃霧をついて釜山に上陸し、三方向から釜山鎮城に攻撃を開始した。小銃の一斉射撃の波状攻撃である。朝鮮の兵士はこれほど多くの小銃射撃を見たことがない。パニックになる。わずか二時間の戦闘で、霧が晴れたころには鄭撥軍六〇〇〇は壊滅していた。

## 李朝艦隊の半分が壊滅

日本軍侵略の急報は、釜山北方八キロの東莱城《トンネソン》と東方一二キロの海軍基地に届いた。東莱城では約七〇〇〇の守兵を集めて防御態勢を取ったが、左水使の朴泓《パクホン》は釜山鎮城の敗報を聞いて恐怖に陥り、大小の艦艇約一〇〇隻を焼いて自沈させ、戦闘を放棄して逃亡した。これで慶尚《キヨンサン》道《ド》の海軍は半分が戦わずして壊滅した。

この日の午後、李舜臣のもとにも慶尚道の右水使・元均から釜山の敗報が届いた。彼の基地は巨済島《コジエド》東側のほぼ中央にある。

慶尚道南沿岸の多島海は乱雑に見えるが、戦略的に見れば戦場として二つの海域に区分できる。一つは鎮海湾《チネマン》の南に浮かぶ巨済島の周辺であり、もう一つは泗川《サチヨン》南方に浮かぶ南海島《ナメド》周辺海域である。この二つの島と周辺の陸地や小島が作る水道（小さな海峡）は、戦略的に重要なシー・レーンをなしている。中でも洛東江《ナクトンガン》の河口の南側に浮かぶ加徳島《カドクト》は、巨済島との間と本土の間に狭い水道をなし、鎮海湾への入口を形造っている。

明けて十四日、東莱城が殲滅《せんめつ》的損害を受けて落城。さらに東莱から約一〇キロ北西に進出して洛東江河畔に進出した日本軍は、その夜に梁山城《ヤンサンソン》を包囲する。

この日、巨済島の東北側の小島、加徳島の守備隊長から昨十三日に約九〇隻以上の日本艦隊が釜山に向かっているとの通報を受けていた李舜臣は戦闘準備を命令し、基地の防備を固めて防衛責任外の慶尚道海域に出撃しようとした。しかし、李舜臣を尊敬する部下は、彼が罷免《ひめん》されることを恐れて時期を待つよう強硬に押しとどめた。それは、李舜臣の過去の苦い経験を知っていたからである。

彼がかつて漢城《ハンソン》で下級将校として勤務しているころ、部隊の合理的な改革案を提案したが、その案自体が東人派と西人派の政争の具になってしまった。その結果、組織の内部事情が合理性に優先し、体制の破壊者として左遷されたことがあったのだ。

ともあれ朝鮮軍の第一線指揮官は、日本軍がさらに内陸に侵攻するのか、沿岸を荒らしたのちに撤退するのか判断に迷っていた。元均提督は、

「日本軍は、釜山鎮城を強化している。撤退の兆しはない」

と連絡している。翌十五日、日本軍は日本海側の機張《キジャンソン》城を奪取し、その南方のもぬけの空になった海軍基地も占領した。陸上では日本軍が釜山を中心とする半径五〇キロの地域を占領した。占領した港湾城の強化は秀吉の作戦計画によるものである。小西軍は、釜山から八〇キロ、金海《キメ》平地の北端の町密陽《ミリヤン》に迫っている。

事ここに及んで、巨済島に孤立することになった元均提督は、戦艦四隻を率いて海上に逃れ、残りの艦艇約一〇〇隻を自沈させた。これで朝鮮海峡の東半分の李朝艦隊は、一戦も交えずに

壊滅してしまった。

## 首都無血入城

十六日、小西軍は梁山城を攻略する。このころ、ようやく首都漢城に日本軍侵攻の報告が届いた。だが、実は、朝廷は狼煙《のろし》信号で異変があったことについては承知していた。

情報は今日においても「四分の三は霧の中」である。戦いの決断は四分の一の情報入手量で行なうのが原則である。ところが、朝廷はもっと多くの情報資料の報告を待っていたから、後手後手の命令しか出せない。

十七日、密陽が陥落した。日本の第二軍である加藤清正軍約一万三〇〇〇が釜山に上陸し、東前進軸に沿って彦城《オンソン》を目指した。第三軍の黒田長政軍一万一〇〇〇は、洛東江河口の西側で鎮海湾の東入口の安骨浦《アンゴルポ》に上陸した。

十八日、小西軍は大邱《テグ》へ向かう。黒田軍はたちまち金海城《キメソン》を占領し、さらに漢城に向かって西前進軸を進撃しはじめた。第四軍の毛利吉成軍が釜山に上陸を開始する。

李舜臣《イスンシン》は偵察戦隊を慶尚道海域に派遣したが、朝鮮海峡は静かだった。翌十九日には日本の第五軍（福島正則─約一万二〇〇〇）、第六軍（蜂須賀家政─約一万三〇〇〇）、第七軍（小早川隆景─約一万六〇〇〇）が相次いで釜山に上陸した。小西軍は中央前進軸を、加藤軍は東前進軸を、黒田軍は西前進軸を競走するように漢城を目指して前進していた。

二十日、李舜臣は元《ウオン》均《ギユン》提督からついに支援要請を受ける。しかし、支援するためには全羅《チヨルラ》艦隊の先任者である李億棋《イオツキ》の了解を取りつける必要があった。

二十六日、小西軍は小白山脈《ソベクサンメク》を越えた。このとき、李舜臣はようやく朝廷から慶尚道海域において作戦にあたるようにとの命令を受領した。いや、命令を受けたというより、李舜臣の要求を認可したというのが正しいだろう。行政命令はともかくも、中央には作戦命令を発令する判断力はなかった。戦術能力はゼロであったといっていい。

認可を得た李舜臣は大型船の集結を命じたが、その数はわずか二〇隻であった。出撃準備と風向き待ちで、出撃日を三十日と定めた。

二十八日に忠州《チユンジユ》が陥落。第九軍の宇喜多秀家軍一万が釜山に上陸した。二十九日は中南部朝鮮半島が豪雨に見舞われ、日本軍は動けない。その雨の中を、国王は首都を捨てた。首都住民はパニックに陥り、暴徒化する。

三十日、李艦隊も天候不順で出撃できない。李舜臣は出撃を五月三日に延期した。そのときには全羅右水使《チヨルラウスサ》艦隊も合流するという。

五月二日、日本軍はついに首都漢城に無血入城した。進撃速度は一日あたり平均二五キロである。これは速い。この日、第八軍の毛利輝元軍三万が釜山に上陸した。これで朝鮮侵攻の主力が上陸を終えたことになる。

ほとんど無抵抗に近い朝鮮軍であるにもかかわらず、上陸作戦には時間がかかった。兵力約一二万余の上陸が完了するのに二十日間を要したのである。

## 日本軍の兵站編成

当時、一人の兵士について米の容量に換算して、一日に約一升（重量にして約一・五キログラム）の兵站《へいたん》支援が必要であったろう。漢城《ハンソン》周辺に進撃した兵力は約七万五〇〇〇であったので、毎日一二〇トン近くの物資輸送を必要とした。米俵にして約二〇〇〇俵である。

道路が狭く、路面が悪い朝鮮の状況で小白山脈を越えるのだから、荷車に米一〇俵を載せるのが精いっぱいであったに違いない。毎日二五キロの区間ごとに約二〇〇両の荷車が動いていなければならない勘定になる。なぜなら、一日に輸送できる距離はせいぜい二五キロ程度であるからだ。事実、日本軍は一本の前進軸について釜山―漢城の間に約二〇カ所の輸送中継所を設けた。

各中継所の間に約二〇〇両の荷車が動いているとすれば、全部で毎日四〇〇〇両の荷車が動いていることになる。一台の荷車に人員四名が必要であれば、物資輸送だけで一万六〇〇〇の労力を必要としたはずだ。それだけではない。毎日の消費量だけではなく、次の作戦のために漢城近くに物資集積所を設けて次第に集積するとすれば、この一・五倍の所要になる。

各大名の出動編成のうち、約半数が兵站支援要員であったのはうなずける。これに加えて中継所や輸送中の荷車を警備しなければならなかったので、さらに多くの兵力が後方支援に割《さ》かれることになった。当時、漢城を除く以南の地域と忠清道《チユンチヨンド》、慶尚道《キヨンサンド》に約四万の兵力が数珠つなぎに散開していたといわれている。

わかりやすく言えば、釜山から漢城まで一本の経路に沿って部隊が一列に並んでいたのと同じである。これでは、途中の地域を占領するような兵力はいない。

陸上輸送の状況から海上輸送について逆算してみると、当時の安宅船《あたかせん》が米一〇〇〇石（七一・六トン）積だとしても、毎月の消費分だけで七五隻、蓄積分を加えれば一一〇隻の荷揚げが必要になる。もし釜山に荷揚げせず、朝鮮半島の西沿岸に沿って黄海《ファンヘ》を航行して漢城の近く、仁川《インチヨン》に荷揚げするのであれば問題は一挙に解決した。ところが、朝鮮海峡の西半分では、全羅艦隊が制海権を握っていたのだ。そして、このような状況が李舜臣提督のねらい目だったのである。

## 李舜臣の読み

五月二日、開城《ケソン》まで逃れていた朝鮮国王は開城も捨て、平壌に向かっていた。そして翌日、現地で指揮していなかった秀吉は、一週間遅れの報告をもとに主力約一三万を明・鮮国境に突進させるとともに、各大名に朝鮮半島の八つの道《ド》をそれぞれ割りあて平定させるという「八道国割」作戦計画に基づいて、担当地域の面的支配を開始するように命令した。

しかし、これは実行困難な命令であった。朝鮮半島は李王朝の失政によって農民が疲弊し、農業生産高が極度に落ち込んでいた。十四世紀から始まった牛肉の食材化により、食べるものがなくなった農民は耕作用の牛を殺して食べてしまう始末で、これが耕作力を低下させるという悪循環を生んでいた。農民にとって、支配者は日本軍でも李朝廷でもどちらでもよかったのだが、日本軍の面的支配の作戦は農村から食糧を調達する傾向になるので、結果的には農民ゲリラを作ることになってしまった。国内戦で育ってきた秀吉の軍事センスは、外征作戦には適合しない。外征作戦では住民を中立にするように、徹底的に敵軍の撃滅に集中するのが原則である。

李舜臣《イスンシン》は、日本軍が全羅道《チョルラド》の海軍基地を陸上から攻撃して占領することを恐れていた。基地を奪われれば、制海権の争奪の戦いは台無しになる。だからこそ、彼は基地の陸上防御陣地の強化に半月以上を費やしていたのだ。しかし、日本軍にはその計画はなかった。これが朝鮮を間接的に救った。

五月四日、李舜臣は慶尚道海域の西端にある南海島《ナメド》を偵察してきた小型船艦隊からの報告で、慶尚道の朝鮮守備隊はほとんど逃亡して無防備状態であること、黄海を担当する李億棋《イオツキ》艦隊が合流できないことを承知した。

彼は敢然として出撃を決断した。もはや担当海域の制限など眼中にない。四日午前二時、彼は大型船（板屋船）一四隻、中型船（挟船）一五隻、小型船四六隻をもって麗水《ヨス》の基地を出陣した。南海島は麗水半島の東隣で巨済島《コジェド》とほぼ同じ大きさである。慎重に南海島の南端を回り、それから北上して半島沿岸の召非浦《ソビポ》に停泊した。

翌日、固城《コソン》半島の西海岸の唐浦《タンポ》まで進んでみたが、慶尚右水使《キヨンサンウスサ》の元均《ウオンギユン》艦隊を発見できなかった。彼は元均が主力艦隊を率いて現われるのを期待していたのだ。しかし、元均はわずかな残存艦隊を率いて翌日早朝に李舜臣艦隊に合流した。一戦も交えず自分の艦艇を破壊して逃げてきた先輩提督を見て、さすがに李舜臣は不愉快な顔を隠すことができなかった。

大言壮語する元均は威張っているものの、李舜臣提督には日本軍が強力であることを主張して戦闘を回避するように勧告する。

李舜臣は彼を無視した。そして日本海軍がまだ巨済島より西方海域の制海権を奪おうとしていないと判断し、巨済島の東側に進出して南端の松未浦《ソンミポ》に停泊し、明日以降の戦闘を準備した。

## 日本艦隊の大損害

七日、李舜臣艦隊は巨済島東岸の玉浦《オクポ》沖に日本船三〇余隻を発見した。この艦隊は藤堂高虎に所属していた。李舜臣は、ただちに横隊に展開を命じて攻撃する。戦闘は正午ごろから始まりほとんど射撃戦に徹するように指令。船首の大砲は火矢を浴びせた。「玉浦沖の海戦」は一方的となり、二六隻の日本船が火だるまとなって撃破され、数隻が敗走した。

李舜臣は玉浦から北航して巨済島東北の小島、加徳島《カドクト》で新たに日本の大型船四隻、中型船一隻を発見した。日本船は合浦《ハッポ》目指して逃走した。鎮海湾《チネマン》東入口の安骨浦《アンゴルポ》には日本船が多数いるはずである。その援護下に入れると思ったのだろう。しかし、李舜臣は追跡の手を緩めず、ついに射程に入れて撃破した。「第一次安骨浦の海戦」である。

そして巨済島北側の鎮海湾入口をよぎって西方に航行し、巨済島北側の対岸の蘭浦《ナンポ》に停泊した。日本艦隊は鎮海湾に出没しているはずだから、この停泊は大胆であった。水夫たちは寝た気もしない緊張の中、一夜を過ごした。

八日未明、巨済島西方の対岸に日本船一三隻が停泊しているのを発見する。李舜臣は艦隊を二隻でペアにして一隻が火矢を射ち、もう一隻がその援護下に衝突する戦法で攻撃を命じた。日本船は構造上、舷側から激突されると簡単に破壊された。〝卵を割るが如し〟である。一一隻が破壊炎上、二隻が辛うじて逃走できた。「合浦・赤珍浦《チヨクチンポ》の海戦」である。

李艦隊は初めての出撃で四日間に日本船四二隻を撃破。彼の艦隊の損害はゼロである。が、弾薬がなくなった。そこで李舜臣は南西に航行し、南海島《ナメド》の南の鼻を回って麗水に帰投した。

九日、漢城《ハンソン》に日本軍の諸将が集まって作戦会議を開いた。最初に日本艦隊が朝鮮艦隊に攻撃されて大損害を受けたことが伝えられ、海上補給の安定性に疑問が出てきたことが問題になった。それからの議論はさておき、結論を言えば、各軍は主力をもって「八道国割」作戦を行ない、一部をもって七日に平壌に逃げ込んだ朝鮮国王と一族の追撃と残敵を掃討することに作戦方針を変更した。この作戦方針の変更は、秀吉の意図の逆になっている。李舜臣によって鴨緑《アムノッ》江《カン》の進撃に最初のブレーキがかかったといってよい。

麗水の基地が所在する全羅道《チヨルラド》の平定を担当するのは、小早川隆景軍一万六〇〇〇である。だが、海軍戦略がわかっていない彼は、麗水基地には関心がなかった。

## 亀甲船の初陣

五月十日、食糧・弾薬の補給を終えた小西軍は、平壌に向かって進撃を開始する。そのあとから加藤軍が、開城《ケソン》を経て元山《ウオンサン》に向かう。

十六日、秀吉は日本艦隊が敗北したことを承知した。彼は慶尚道《キヨンサンド》沿岸の港湾を確保するように命令を発する。しかし、命令が遠征各軍司令部に到達するのに約七日、最前線の部隊に徹底するには二週間が必要であった。しかもこの命令による作戦地域には全羅道が入っていない。

十九日、秀吉の指示に基づいて日本艦隊が泗川《サチヨン》に上陸した。泗川は、南海島の北方の半島沿岸で西部慶尚道の要衝晋州《チンジュ》の南方、陸地に深く切れ込んだ湾内のいちばん奥にある。陸軍の感覚から言えば全羅道に攻め込む要地で、泗川郡の中心地である。しかし、海軍の感覚で言えば機動の自由がない港である。

この情報が李《イ》舜臣《スンシン》のもとにもたらされた。彼は、亀甲船の初陣としては最適の条件だと思った。亀甲船《コブクソン》はガレー船で、オールが主動力である。波が静かな湾内で風が少なければきわめて有利である。

二十九日、李艦隊は亀甲船三隻を含む大型船二三隻で麗水《ヨス》を出撃。途中から元《ウォン》均《ギュン》の三隻がこれに合流した。泗川浦《サチョンポ》に進出した李舜臣は、主力を縦陣にして敵から戦力を見えないようにし、少数の前衛で日本艦隊を誘い出した。泗川浦は南北に長い。加藤嘉明・九鬼嘉隆の軍に所属するこの艦隊一二隻は深追いした。朝鮮艦隊を捕捉しようとして横陣に展開したが、陣形が乱れた。これを見ていた李舜臣は楔形《くさび》に陣形を変換し、亀甲船を楔形の中央に配置して日本艦隊に襲いかかった。隻数で二倍以上である。亀甲船は先陣を切って日本艦隊の陣列に突入する。激突され砲撃された日本船は、沈没もしくは炎上した。散りぢりになった日本船は、あちこちで取り囲まれて撃破された。「泗川沖（船津《ソンジン》）の海戦」は日本艦隊の完敗であった。日本海軍は亀甲船に恐怖を抱くようになった。一種の新兵器による奇襲である。

六月一日、日本艦隊が固城《コソン》半島西海岸の唐浦《タンポ》に停泊中との報告を受けた李舜臣は、中型の補給船から弾薬を補充するや、三千浦《サムチヨンポ》の狭い水路を抜けて閑麗水道《ハルリヨスド》を東進する。

二日十一時、唐浦に停泊中の亀井茲矩《かめいこれのり》艦隊の大型船九隻、中・小型船一二隻を発見して攻撃し、全隻を撃破した。「唐浦の海戦」である。

三日、唐浦に全羅右水使《チヨルラウスサ》・李億棋《イオツキ》の指揮する艦隊二四隻が合流し、五〇隻の連合艦隊となった。李億棋は先任の提督であったが、李舜臣の軍事訓練所の後輩であり、年齢も若かった。儒教の考え方が徹底している朝鮮では長老を尊敬する。李億棋は副司令官を申し出て、李舜臣が連合艦隊を指揮することになった。

五日朝、固城半島を形造る東側の深く切れ込んだ湾の中に、日本艦隊二六隻が停泊中との報告があった。この艦隊は加藤清正軍所属であった。海戦を任務とするものではなく、三日前に亀井艦隊が殲滅《せんめつ》されたとの報を受けて退避していたのであろう。李舜臣は容赦しない。艦隊を半分に分けて一隊で湾口を塞ぎ、もう一隊が濃霧を利用して誘い出す。日本艦隊は、わずかな戦闘で二四隻が撃破され、二隻が港に逃げ込んだ。陸戦では日本軍が強いので、李舜臣は深追いしない。「唐項浦《タンハンポ》の海戦」である。

この海戦のあと、李舜臣は巨済島《コジエド》以西の港を片っ端から捜索したが、日本船は見当たらない。そこで巨済島南端に移動し、巨済島の東側海域を対馬から釜山に向かって航行する日本船を見張る態勢を敷いた。

六月七日正午過ぎ、七隻の日本船が釜山に向かっているのを発見し、追跡して栗浦《ユルポ》沖で撃沈した。「栗浦沖の海戦」である。

五月七日以来、約一カ月の間に七つの海戦を戦ってことごとく日本艦隊を破り、巨済島以西の制海権を握った李舜臣は、巨済島東側の海域で日本船のシー・レーンを遮断した。

しかし、彼の部隊は弾薬と食糧の不足をきたしたので、監視網を残して艦隊を麗水の基地に戻した。日本軍にとって朝鮮海峡に海戦の荒波がわき立った。

この七つの海戦のうち、日本艦隊が計画的に李艦隊に決戦を挑んだものは一つもない。すべて李舜臣が主導権を握って攻撃したものである。そして、緒戦の「玉浦《オクポ》沖の海戦」を除き、李艦隊は日本艦隊に勝る隻数を集中していた。

全般を通して観察すれば、日本艦隊には、「艦隊は制海権を争って決戦するものだ」という思想が見当たらない。日本軍にとって、海峡は「障害」なのだ。だが、李舜臣は明らかに「海は戦場だ！」と認識していたことは想像にかたくない。

## 艦隊決戦が始まる

六月十五日、小西軍は平壌を占領した。朝鮮国王はその北方の博川《パクチョン》に逃れた。「八道国割」による平定作戦は、日本軍の戦力を分散させた。いずれの道《ド》でも平定作戦は順調に進まない。

「征明」作戦で朝鮮半島を平定して占領することは、海洋国家の軍事戦略としては適切ではない。地域の占領には占領地行政が必要なので、兵力を吸収してしまうのだ。

小西行長も、朝鮮海峡の輸送が混乱しているので、兵站が苦しくなってしまった。小西軍は平壌を防御する態勢に転換し、食糧の調達に大部分の努力を向けはじめる。鴨緑江《アムノッカン》まで突進する衝撃力をやせ細らせてしまったのだ。

小西行長は、敗北を恥とする大名である。秀吉に対する報告は遅れてしまった。「よい報告はゆっくりと少しずつ細切れに、悪い報告は迅速、過大に」の原則の逆になってしまった。秀吉が海峡の敗北を知るのは六月下旬である。平壌占領の報告が先に到着する。したがって、秀吉は小西軍に鴨緑江への突進を督促する。初期作戦にくらべて朝鮮半島の日本軍の動きが鈍くなってくる。

ようやく朝鮮海峡で物資輸送に支障をきたしていることを承知した秀吉は、二十八日、九鬼嘉隆、加藤嘉明、脇坂安治に対して協同で朝鮮艦隊を撃破するように命令した。もともとこの三人の大名は小大名である。瀬戸内と伊勢・紀伊の水軍出身であるから海軍の役割を与えられているが、秀吉から期待されている任務は、各大名の船団が対馬・朝鮮海峡を横断するにあたり、全般的な警戒をすることであって、両海峡の制海権を奪取することは任務にないし、その戦力ももっていない。しかし、この一カ月の間、朝鮮艦隊に敗北したのは、本来陸軍が専門の大名の艦隊である。彼らには海戦のことは任せろとの自負があった。戦史で抜け駆けの功名に成功した例は少ない。それにもかかわらず、どんな仕事の世界でも抜け駆け功名の魅力に取りつかれる人はあとを絶たない。脇坂安治も例外ではなかった。秀吉の命令に反して、脇坂は六三隻の艦隊を率いて単独で鎮海《チネ》から巨済島《コジェド》の北西沿岸に機動した。

李舜臣《イスンシン》は、約一カ月間の艦隊整備と戦力の回復を終えた艦隊を率い、巨済島の西側の閑山島《ハンサンド》海域に出陣していた。

七月八日、李舜臣は脇坂艦隊の出撃を察知した。彼はすぐに先陣艦隊を出航させ、固城《コソン》半島と巨済島の間の細い隘路《あいろ》である見乃梁《キヨンネリヤン》水道を北進させた。脇坂艦隊はこの餌に食いついた。李舜臣は退却すると見せかけて脇坂艦隊に追わせ、見乃梁の南側出口（閑山島北側）で横隊に展開して待ち伏せた。

「閑山島沖の海戦」は、日朝両艦隊が制海権の争奪を目標にした最初の艦隊決戦であった。しかし、その結果は脇坂艦隊の全滅で幕を引いた。

李舜臣は戦いのリズムを知る提督であった。九日、作戦の主導権を握った李舜臣は巨済島の北側を回航し、安骨浦《アンゴルポ》沖で脇坂艦隊の敗北を聞いて戦意を失っていた九鬼艦隊を襲った。「第二次安骨浦の海戦」である。九鬼艦隊は大損害をこうむって敗走した。

両日の海戦で、博多―対馬―釜山を結ぶ日本軍のシー・レーンはずたずたに切断された。

## 食糧補給の問題

李舜臣は朝鮮海峡の制海権を握ったが、日本艦隊のシー・レーンを完全に遮断するには多くの問題を抱えていた。第一は、亀甲船《コプクソン》がガレー船だったため、外洋航行に適さないことであった。海洋戦略として対馬・朝鮮海峡の制海権を握るには、少なくとも対馬・壱岐の日本艦隊基地を攻撃したり封鎖することが必要であるが、彼はそれだけの艦艇数をもたなかった。加えてガレー船で速い潮流を乗り切ることは難しい。

第二に、ガレー船艦隊は短期決戦向きの艦艇であって、長期間、洋上にあって日本のシー・レーンを常続的に遮断することはできない。どこかの基地に停泊していて、監視船の報告を受けると出撃する方法になる。これでは日本船を見逃すことが多い。

第三に、日本船は衝突には弱かったが、それだけ軽快であった。朝鮮艦隊のどの船も、積荷が減った日本船にくらべて速度で劣った。これまでの李舜臣の戦術のように誘致して決戦することは可能であるが、洋上で追いかけて決戦を強要できるのは、風上の優位な位置に戦陣を展開できたときだけである。夏季は東南の風となることが多いから、日本軍が風上に立つことになってしまう。朝鮮半島沿岸の多島海では潮流や風向きに詳しい李舜臣に有利であったが、巨済島から東側の開けた海域では、その利点は失われた。

さらに、李舜臣にはもっと大きな問題があった。兵力一万余を養う食糧の補給と火薬の生産の問題である。麗水《ヨス》に引き返した彼は、主力の戦力回復を図る一方で軍民合わせて農業振興を開始した。

結局、李舜臣艦隊によるシー・レーンの遮断は断続的なもので、日本の各大名は積荷を減らし、警戒を厳重にして物資輸送を続けることができた。

李舜臣は、戦力回復と食糧入手のために麗水基地に引き返す。慶尚道《キヨンサンド》の港湾は泊地として使えたが、基地としては使えなかった。

李舜臣に幸いであったのは、小早川隆景の全羅道《チヨルラド》平定作戦が遅々として進展しなかったことであり、全羅道にもう一人の朝鮮陸軍の剛将がいたことである。

## 明軍の介入

今日、ソウル駅から南の漢江《ハンガン》大橋に向かう地下鉄四号線に三角地《サムガクチ》駅がある。そこから歩いて約五分で国防省に行き着く。その前に大きな「戦争博物館」が前庭を広げている。

英国、フランス、ロシアなど、今日の先進国は「戦争博物館」を持ち、国家のために国民がいかに戦ってきたかを展示している。いずれの国も勝利ばかりの記録ではない。敗北の記録も臆せず展示しているのだ。

戦争博物館がないのは、日本ぐらいである。たった一度の敗戦に国民が腰抜けになることもなかろうが……。

韓国の戦争博物館入口のメイン・ホールと廊下には、韓国を救った名将の像が数多く並んでいる。その中でも最良の場所に立っているのは、李舜臣提督と権慄《クオンユル》将軍である。その権慄将軍が果敢に活動を始める。

前月の後半に重い腰を上げた明軍が、ぞくぞくと鴨緑江《アムノッカン》の国境を越えて朝鮮に軍を進めていた。そして七月十五日、祖承訓《そしようくん》の指揮する明軍五〇〇〇が平壌《ピョンヤン》の小西軍を攻撃したが、逆に撃破されて退却した。しかし、糧食に不足していた小西軍は追わない。行長は明軍に対して休戦協定を提案する。

このころ、知日派の明の外交官は、

「臨津江《イムジンガン》付近で朝鮮半島を南北に分断し、北側を明国が、南側を日本が支配（属国とする）しようではないか」

と陣中の会議で主張したようだ。真偽のほどは定かではないにしても、あまりにも今日の国連軍と中国軍による南北朝鮮の分断に似た発想である。

七月末に小早川隆景軍が全羅道に東側から侵攻しようとして、梨峙《イチ》で守る権慄軍一五〇〇を攻撃したが、撃退されてしまう。咸鏡道《ハムギョンド》の加藤軍も朝鮮軍の撃破に苦労しなかったが、兵站補給に苦しんで咸鏡道南部の安辺《アンビョン》にまで撤退する。

八月初旬、日本軍諸将は漢城《ハンソン》に集まって爾後《じご》の作戦方針を協議した。対馬海峡の兵站輸送が減っているので大規模な作戦は展開できない。朝鮮軍の主力を撃破したが、日本軍の損耗も軽くない。しかも、戦闘損失よりも環境の変化での非戦闘損耗が大きい。いちばん兵力を損耗していたのは小西軍と加藤軍で、三〇パーセント以上に達していた。結局、今後は主要な兵站連絡線と都市を確保することにした。「面の占領」作戦から「点と線」の作戦への転換である。これで李舜臣の基地、麗水への脅威は少なくなる。

九月一日、小西軍と明軍は五十日間の停戦に合意した。朝鮮軍はこの合意に従わなければならない。李舜臣が最も恐れていた事態である。

このとき、大きな日本船団が釜山に入港したとの情報を得た。釜山には日本軍が大勢滞在している。ここを攻撃することは危険であった。

しかし、「まさか!」は有効である。彼はヒット・エンド・ラン攻撃を計画した。亀甲船《コブクソン》を先頭にした数個の縦陣で襲撃しようというのである。

九月初旬のこの攻撃は大成功で、多数の日本船が炎上したり沈没した。李舜臣の考えは朝鮮軍が果敢に戦闘することによって、日・明停戦協定を破ろうというのである。たとえ同盟国であっても、「みずから助けるものを助ける」のが原則である。しかし、陸上の戦闘は膠着《こうちゃく》して年を越した。

## 明軍敗れる

一五九三年一月五日、停戦期間が終わって明軍の総司令官李如松《りじょしょう》は、明軍四万、朝鮮軍一万を率いて突如平壌を包囲した。小西軍一万五〇〇〇は長期の抵抗は困難であった。幸い真冬だったので、城の東側を流れる大同江《テドンガン》は凍っていた。八日夜、小西軍は粛々と脱出に成功した。

明の大軍が迫るとの報は全戦線に伝えられた。漢城以北の主な日本軍は、朝鮮半島の東海岸地区で作戦を実行している加藤軍を除いて二十一日までに漢城付近に集結した。兵力は約四万である。しかし、糧食の集積が少ない。所要の約二分の一しかなかった。これでは漢城で防御する案は実行不可能である。

このころ、李如松将軍は兵力六万を率い、二十四日開城《ケソン》に入城し、さらに漢城を目指して南下する。そこで野戦を得意とする日本軍は、明軍を撃破することにした。これは優勢な兵力をもっていた李如松の意表を突いた。二十六日、臨津江《イムジンガン》の南、漢城の北方「碧蹄館《ピョクチェグアン》の遭遇戦」は日本軍の大勝利に終わった。明将軍李如松は戦意を喪失した。明の従軍外交官宋応昌《そうおうしょう》は、日本軍を朝鮮半島から撃退することは困難と判断し、朝鮮半島をどこかで分断して日本と講和するための外交交渉を模索する。もちろん朝鮮朝廷には相談しない。頭越しの外交である。

二月初旬、全羅道《チョルラド》の権慄《クオンユル》は日本軍に反撃し、逆に漢城の日本軍の糧食倉庫、龍山《ヨンサン》を襲撃して焼き払った。

李舜臣《イスンシン》は麗水《ヨス》海域で出撃準備の艦隊訓練を行なった。そして六日早朝、出陣する。釜山南方の加徳島《カドクト》付近で日本軍のシー・レーン防衛線を破壊しようと計画したのである。巨済島《コジェド》西側の見乃梁《キヨンネリヤン》水道で元 均《ウオンギユン》艦隊と李億棋《イオツキ》艦隊と合流したのち、巨済島北端の漆 川島《チルチヨンド》に停泊する。そして釜山から対馬に向かうシー・レーンを偵察した。この結果、日本軍の防護線を破るため、北端の熊浦《ウンポ》から攻撃することになった。

十日、李艦隊は熊浦に接近し、先遣部隊を差し出して日本艦隊を誘い出そうとしたが、日本船は一隻も出てこない。十二日も誘い出しをかけたが、日本艦隊は動かない。これまで何度かこの手でやられていたので、日本側は用心したのだ。

そこで李舜臣は強硬策に出た。二十八日と三月六日の二回にわたり、熊浦港内に攻撃をかけたが、日本船が舷側を連ねて激しく抵抗するため戦果があがらない。ついに李舜臣は攻撃をあきらめて閑山島《ハンサンド》に引き揚げた。

しかし、李舜臣は休みなく小艦隊を繰り出し、九州―釜山間のシー・レーンを脅かした。

必然的に日本船は大船団を組み、防護を十分にして航行しなければならなかった。さながら、第二次世界大戦の大西洋で英輸送船団がドイツのUボートによる攻撃からの損害を少なくするため、護送船団方式をとったのに似ている。

　英国の資源輸入が少なくなり、戦争継続力が危うくなったのと同じように、南部朝鮮半島に展開している兵站も危うくなっていく。

## 日本―明の頭越し外交

　陸上戦と海空戦の決定的な違いは、外交に及ぼす影響度である。朝鮮半島で戦っている日本軍が、ほとんど戦闘で敗北していないのにもかかわらず、緒戦の突進からここまで後退する羽目に陥ったのは、外征作戦における兵站支援と海洋戦略に無知であったことからである。その結果、李舜臣艦隊によって日本艦隊が敗北を続けたことが決定的だった。陸戦で勝って海戦で負けていたのだ。

　一方、明軍には「宗主国の面子《メンツ》」があるにもかかわらず、陸戦の勝利を引っさげて朝鮮朝廷とともに日本と交渉することができなかった。朝鮮朝廷も海戦の勝利をもち出せば、勝てない明軍を間接的に非難することになる。朝鮮国王の立場は難しい。

　陸戦の趨勢《すうせい》を背景にした外交交渉は長引く傾向がある。なぜなら、戦線が毎日のように一進一退するからだ。これに対して海・空戦で決定的に敗北した場合は、敗者は容易に戦闘力を回復できないため、敗北側が交渉に入りやすい。

李舜臣と権慄の抵抗によって兵站支援に窮した日本軍と戦意を失った明軍は、漢城《ハンソン》において三月初旬から講和の交渉に入る。両軍とも全軍に停戦を命じた。李舜臣は、日本と明軍が朝鮮朝廷の頭越しに朝鮮の分割を協議するのではないかと恐れた。そこで、日本軍が朝鮮に居座らないようにするため戦い続け、対馬・朝鮮海峡において日本軍の補給を断つことにした。

彼は二カ月間近く休む間もなく慶尚道《キヨンサンド》海域を動き回り、日本軍の海上輸送を遮断しつづけた。しかし、とうとう搭載していた糧食が尽きたため、四月三日、全羅連合艦隊を解散してそれぞれの基地に帰投した。

## 日・明協定妥結

四月十八日、日・明協定が妥結し、日本軍は南部慶尚道に撤退した。そして一八カ所の城を確保して橋頭堡を構成し、明―日本の正式な休戦交渉を待つことにした。そのため、日本軍は西部慶尚道の要衝晋州城《チンジユソン》を攻略して橋頭堡を完成し、六月末までに新態勢を完成させる。

このような態勢を取ってから、秀吉は明に対して、「朝鮮半島南部四道を日本に割譲すること」と「日本天皇が明皇帝と対等の地位であること」の二つを骨幹とする講和条件を突きつけた。「対等」は中華思想に反する。明王朝が絶対に認めるわけがない。この中国外交のＤＮＡは今日も続いている。

李舜臣は、朝鮮王朝に隠して進行している日本—明の交渉内容を正確に推測していた。名将は秀吉のねらいを読んでいたのだ。彼は朝廷に願い出て、慶尚艦隊の管区内である閑山島《ハンサンド》に前進基地を得て艦隊主力を移した。慶尚道の提督、元均《ウオンギユン》は先輩である。元均は自分の管轄内に全羅《チヨルラ》艦隊の基地ができて「面子をつぶされた」と李舜臣を憎んだ。

## 明軍の撤退

日本軍と戦わない明軍が朝鮮半島に駐留しているのは、朝鮮国王にとって迷惑であった。朝廷内に「明軍、出て行け！」の声が高くなる。明軍もまた貧しい土地における駐留に嫌気を起こしていた。

明軍は半島を南下するに伴い、本国からの補給が途絶えがちとなった。そして八月、ついに明軍も駐留兵力を三万に削減した。

九月に入って漢城に帰還した朝鮮国王は、李舜臣を忠清《チユンチヨン》・全羅・慶尚の三道の水軍統制使（連合艦隊司令長官）に任命した。これには慶尚艦隊の元均提督も膨れっ面ができなかった。

九月半ばになると、明軍の中に朝鮮に対する不満が高まってきた。

「朝鮮は最初に自分で自分の国を守る努力をしなかったではないか！」

である。朝鮮もまた明国に対して不満がたまっていた。半島民族は感情的になりやすい。儒教原理主義に基づく不満だから現実的でない。「あるべきだ」が思考のスタートだ。冷酷な国際政治のパワーポリティックスなど理解できるはずがない。しかし、李舜臣に停戦はない。戦い続ける。

九月二十七日、李舜臣は連合艦隊を率いて根拠地の閑山島を出陣し、二十九日に巨済島《コジェド》の長門《チャンムン》浦《ポ》に停泊している日本艦隊を攻撃した。しかし、福島正則ら日本軍の兵力は多い。戦闘の勝敗の行方が見えない。急を聞いた永登浦城《ヨンドウンポソン》の島津軍が応援に駆けつけ、日本式の大砲で応戦した。李舜臣は撤退を命令。日本軍もようやく大砲の運用に注目しはじめた。

そこで李舜臣は翌十月一日、永登浦城を攻略しようとして上陸作戦を敢行した。しかし、陸上戦では小銃装備の日本軍が強い。たちまち撃退されてしまった。

李舜臣はふたたび長門浦の日本艦隊を攻撃したが、日本艦隊は戦術を変更していた。艦艇を広く分散配置し、小型船で李艦隊の大型船に対して四周から集中攻撃し、近接してから小銃射撃の雨を降らせる戦法である。たちまち、李軍の大型船二隻が撃破された。

これを見た李舜臣は危険を感じ、全軍に退却を命令して漆川梁《チルチヨンニヤン》に撤退した。早速、艦長を集めて対策を練る。偵察艦艇を長門浦に派遣して攻撃の機会をねらったが、日本艦隊も警戒船を濃密に配置していて近づけない。八日、李舜臣は巨済島東側海域に対する攻撃をあきらめて、閑山島基地に帰投した。日本はシー・レーンを守ったのである。

巨済島の日本軍は、数々の敗戦から教訓を学び、李舜臣の戦術の手には乗らなくなっていた。そして、ようやく釜山—巨済島—絶影島《チョリヨンド》の海域と鎮海湾《チネマン》における制海権を守る意味を理解するようになっていた。

## 行き詰まる日・明和平交渉

一五九四年の年が明けた。明朝廷は三月に大部分の兵力を遼東に撤退させてしまった。四月に入ると、朝鮮半島はいずこの地でも飢餓に陥って民心が朝廷から離れ、各地に土賊が横行するようになった。全羅道《チョルラド》の南原《ナムウォン》と霊峰《ヨンボン》では大規模な反乱が発生した。人々は人肉を争って食べる状態になっていた。

九月、明王朝は「日本を王国として公認する」ことをほぼ決定したが、貿易の認可だけはしなかった。そして日本軍の朝鮮からの完全撤退を要求する。こんなことで日本が「イエス」と言うわけがない。日本と中国の和平交渉は一年間続けられて年を越した。

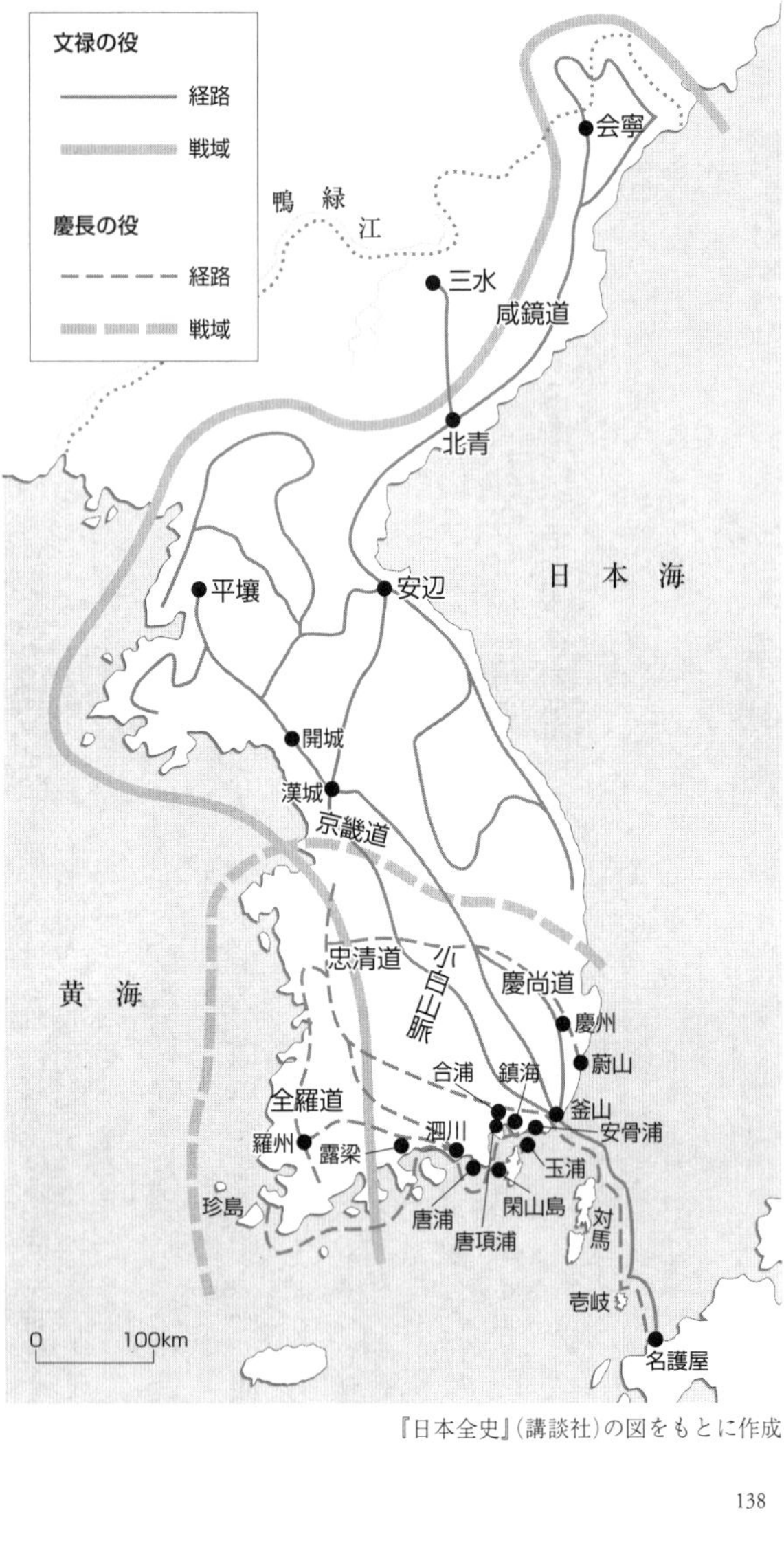


『日本全史』(講談社)の図をもとに作成

# 3　慶長の役（一五九七年）

## ふたたびの出兵

約二年半にわたり、実りのない外交交渉が続けられていた。それも時間を浪費するだけの駆け引きの外交であった。そして運命の一五九六年九月が訪れた。秀吉は大坂の港町、堺で明使節と会見した。そこで「秀吉を日本国王として指名する」という明国の回答を見た秀吉は、

「天皇の地位をなんと心得ているのか？　おれは明国から国王に指名される必要も筋合いもない！」

と烈火の如く怒った。明と日本の対等な関係の確立と朝鮮の分割統治がまったく約束されていない。これで三年間の停戦交渉がうたかたの夢と消えた。

一五九七年、秀吉は、在朝鮮部隊に橋頭堡《きょうとうほ》を確保させ、第一陣と第二陣に区分して総兵力一四万余の出陣を発令した。第一陣の先鋒部隊は、前回と同じように加藤清正隊と小西行長隊である。

海上輸送の護衛隊には、藤堂高虎、加藤嘉明、脇坂安治を任命した。この海軍部隊の兵力はわずか六四〇〇で、朝鮮海軍よりはるかに劣勢であった。しかし、前回の朝鮮侵攻において、兵站《へいたん》、特に海上兵站線の防護に著しい問題を感じていた秀吉は、作戦方針を次のように決定した。

「明軍を朝鮮半島南部に誘致し、その兵站線が延びきったところで決戦し、主力を撃破する。そのあと、敗走する明軍を追撃して一挙に明国に進撃する。このため、第一段階で朝鮮半島の南部を完全に占領し、日本軍の海上兵站線を安全にする」

さすが秀吉である。基地の重要性を理解した。しかし、まだ「海が戦場」という感覚までにはたどり着いていない。海軍の強化に努力が少ない。

また、この方針を実行する第一段階では、全羅道《チヨルラド》の占領に全力を傾注すべきところ、明軍の誘致を目的とする忠清道《チユンチヨンド》の占領を並行して追求することになった。戦闘力の集中という戦いの原則から外れている。

一方、休戦の三年間に朝鮮軍は軍の再建を完成していたが、近代化にはほど遠く、弱体であった。陸軍は南に向かって防御する慶尚道《キヨンサンド》正面と東に向かって防御する全羅道正面にそれぞれ軍司令官を配置し、権慄《クオンユル》が陸海軍総司令官に就いていた。しかし戦力が足りない。朝廷はふたたび明軍の出兵を要請する。

朝鮮艦隊は、李舜臣《イスンシン》の統一指揮のもとに、李億棋《イオツキ》艦隊が麗水《ヨス》に、主力艦隊が閑山島《ハンサンド》西側の固《コ》城《ソン》半島突端（今日の統営《トンヨン》）に根拠地を置き、巨済島《コジェド》西側海域の制海権を握っていた。

## 元均提督のざん言

一五九七年、小西行長の配下にある対馬の日本使者が、ひそかに朝鮮の慶尚道右師団長金応瑞《キムウンソ》に対して告げた。

「小西行長は加藤清正を嫌っている。加藤清正がまもなく朝鮮に再出陣してくる。私が加藤清正の船に同乗して印を掲げるから、朝鮮海軍は、それを襲って清正を殺害して欲しい。これは行長の希望なのだ」

密使である。情報・謀略戦である。この報告は総司令官の権慄に報告された。この報告を信じた権慄は、二十日に統営の海軍本営を訪れ、李舜臣に加藤清正軍を攻撃するように命令して漢城《ハンソン》に帰った。元均《ウオンギユン》提督も聞く。

李舜臣は、「この情報は臭い」と感じた。ぞくぞくと日本軍が対馬・朝鮮海峡を渡っている。どれが清正軍かを判別することは難しいし、日本軍にとってこの状況下でこんな裏切り行為を行なう必要がない。

「これは謀略だ！」

この日本軍の陰謀は、朝鮮の事大主義の欠点をみごとに突いている。大陸勢力と海洋勢力に挟まれている半島国家なので、両勢力が強くなると、いずれかに依存しようとする心情が働いて国内が分裂するのだ。これに独立派が力をもつと、三巴《みつどもえ》の国内権力抗争が起きることになる。

李舜臣は命令を実行しない。実際には、すでに十三日に清正軍は朝鮮に渡り、西生浦《ソセンポ》城に入っていた。引き続いて行長軍が熊川《ウンチョンソン》城に入る。二十二日、金応瑞師団長から権慄のもとに、

「清正が朝鮮に渡ってしまった。李艦隊は攻撃しなかった」

と報告があった。これは金師団長の保身の報告である。先の情報提供が間違っていなかったと言いたいのだ。

李朝廷は、李舜臣が攻撃の機会をつかむことができなかったか、命令に従わなかったかのどちらかだとして激怒した。そこへ、かねてから李舜臣に嫉妬し、連合艦隊司令官の職を欲しがっていた元均提督から、

「李舜臣は日本軍に内通している疑いがある。李舜臣は意図的に清正を見逃したのだ」

とざん訴があった。「これでは国を失う」というかしましい朝廷内の非難の声に押されて、国王は李舜臣を処罰することに決した。後任には元均を任命した。

## 李舜臣の受けた仕打ち

このころ、李舜臣は艦隊訓練で海上に出ていた。速舟《はやぶね》が、

「朝鮮艦隊三道水軍統制使の職を解く。後任は元均。李舜臣はすぐに漢城に出頭せよ」

と朝鮮王の命令を伝える。李舜臣は平静な男である。すぐに基地に帰って火薬一・八トン、主食など一七五万リットル、鉄砲三〇〇丁を含む軍需品を元均に申し送って、漢城への出発を準備した。

一方、熊川《ウンチヨンソン》城に入った小西行長は、大砲を搭載できる朝鮮型の大型艦艇を大量に造船する対策を開始していた。日本艦隊は「斬り込み戦闘ドクトリン」から「砲撃戦の戦闘ドクトリン」へと体質を変えはじめた。

二月十四日、明朝廷は国内の経済的苦境よりも国家の尊厳を重視した。国際政治判断のルールのとおりである。再度の朝鮮への出兵を決断する。この日、権慄《クオンユル》は兵力二万三六〇〇を前線に増加する。

二十六日、李舜臣は罪状の有無の取り調べもなく囚人籠に乗せられ、漢城に向かって運ばれることになった。漢城に送られた李舜臣は、そのまま土牢に放り込まれた。

しかし、これまでの李舜臣の軍功を考慮して、朝廷は李舜臣を牢から出して階級を剥奪《はくだつ》し、一介の陸軍兵士として戦場に放った。李舜臣が無罪であることを朝廷は暗黙のうちに認知していたが、面子《メンツ》を重んずる朝廷は李舜臣に階級を与えなかったのだ。朝臣という官僚は自分の過ちを認めない。李舜臣は乞食同然の状態で、戦死できる戦場を求めて慶尚道陜川《ハプチヨン》を前線に向かって歩いていた。

## 元均の失態

遠征明軍総司令官・麻貴は、明軍が朝鮮半島の南部に前進するに従い、兵站補給に苦しむことになったので、広東省・浙江《せっこう》省・直隷《ちょくれい》省の艦隊を動員し、中国から漢城まで海上兵站線を引くことにした。さらに、中国海軍を投入して朝鮮海峡で日本艦隊を撃破し、陸軍の作戦を支援する作戦方針を決定した。

六月十二日、日本艦隊の藤堂、加藤（嘉）、脇坂は作戦会議を開き、大型艦艇の造船をいっそう促進するとともに、早期に朝鮮艦隊に対して攻勢を取り、これを撃滅する方針を決定した。

三道水軍統制使の要職に就いた元均《ウオンギユン》は、閑山島の本営において栄達の地位におごり、日夜美女をはべらし、酒色におぼれていた。李舜臣から任命されていた部下が諫言《かんげん》すると、即刻、罷免する。作戦準備には関心がない。将兵の人心は元均の統率から離れていた。元均のこのざまが権慄の耳に入らないはずはない。

七月初旬、権慄は元均を昆陽に呼び出して叱りつけた。驚いた元均は、全羅道左水使《チヨルラドチヤスサ》の李億《イオツ》棋《キ》、慶尚道右水使《キヨンサンドウスサ》に新たに任命された裴楔《ペソル》、忠清道水使《チユンチヨンドスサ》の崔湖《チユエホ》などを集めて作戦会議を開いた。彼にとって、勝利よりも出撃したという実績を権慄に示すことが重要であった。慎重な偵察を求める李億棋の意見を無視して、釜山の日本艦隊を攻撃すると決定する。

元均艦隊約一六〇隻は統営《トンヨン》から出港し、巨済島《コジェド》の南を回って絶影島《チョリョンド》南方で対馬から釜山に向かう日本輸送船団の航行を妨害したが、大艦隊なのに戦果はない。

風浪が強くなったので基地に帰ろうとしたが、東南の風にあおられて陣形が崩れる。艦隊はやむなく加徳島《カドクト》に泊まることにした。飲料水に不足した水夫たちが先を争って上陸する。加徳《カドク》城《ソン》を防御していた日本軍約一〇〇〇がこの状況を察知し、上陸した朝鮮軍水兵を急襲する。水兵たちは約四〇〇の遺体を残して軍船に逃げ帰った。

驚いた元均は、錨を抜いて巨済島北部の西隣、漆川島《チルチヨンド》の漆川梁《チルチヨンニャン》に泊地を変更した。漆川梁は巨済島と漆川島が形造る水道である。

元均の失態を聞いた権慄はがまんがならない。十一日に元均を固城《コソン》に呼びつけて叱責する。固城は、東南に延びて巨済島との間に狭い見乃梁《キヨンネリヤン》水道をなしている固城半島中ほどの東岸の港町である。

## 朝鮮艦隊の敗北

艦隊に帰った元均は、叱られた不満を酒にぶつけて寝てしまった。十五日になって、元均はようやく作戦会議を開いた。裵楔提督は、

「漆川梁の泊地は、水深が浅くて戦闘に不向きなので、泊地を変更するか統営の基地に帰投しましょう」

と意見具申するが、統営に帰れば戦闘意欲が疑われると思う元均はこの意見を聞かない。さりとて泊地を変更する決断もできない。

この間に、日本艦隊は元均艦隊が漆川梁に停泊しているのを発見する。元均艦隊は大型船を中央にし、その前方に中小艦艇を横隊に並べて警戒幕を張っていた。

そこで日本軍は、巨済島北東部の永登浦城《ヨンドウンポソン》を守備している島津軍三〇〇〇が南下して、陸上からはまた、藤堂・加藤（嘉）・脇坂連合艦隊に島津艦隊も加えた二〇〇隻近い勢力が半円形の陣形で海上から包囲攻撃することにした。

七月十五日夜、日本艦隊は熊川《ウンチヨン》と安骨浦《アンゴルポ》の基地を発進し、夜明けに漆川梁を包囲する。攻撃開始の火矢の信号を合図に、日本艦隊は小銃の一斉射撃を繰り返しながら朝鮮艦隊に突入し、接近戦になると斬り込んで火をつけた。たちまち数十隻の朝鮮艦艇が火だるまになる。

元均以下の朝鮮軍将兵は艦艇を捨てて陸上に逃れたが、待ち構えていた島津軍の猛攻を受けた。元均、李億棋、崔湖の三名の主要提督が戦死する。裴楔はかろうじて逃れ、島の山脈を越えて西側から統営基地に帰った。そして、軍需品、兵器装備品を海に捨て、基地を焼き払って全羅道に敗走した。

「漆川梁の海戦」は日本軍の圧倒的勝利に終わる。日本軍の損害は皆無に近い。朝鮮軍は主要艦艇一六〇余隻のすべてを失った。この海戦の結果、日本軍は、慶尚道海域のみならず、全羅道海域の制海権を獲得した。そしていよいよ陸軍主力による内陸侵攻の態勢がととのった。何よりも成果が大きかったのは、全羅道への侵攻作戦を海上から行なえることと兵站の支援ができるようになったことである。日本艦隊大型船約一二〇〇隻の兵力は、藤堂、加藤（嘉）、脇坂に来島通総、菅平右衛門（達長）が加わり、総勢七二〇〇となる。

それだけではない。首都漢城《ハンソン》への突進に対する兵站支援も、小白山脈《ソベクサンメク》を越える苦労もなく、海上から全羅道を経て支援できるようになった。

## 白衣の提督

総司令官権慄《クオンユル》は李舜臣《イスンシン》と肌合いが合わなかったが、朝廷の李舜臣に対する冷たい扱いには驚いた。彼は李舜臣に、

「急いで晋州《チンジュ》に行き、逃げ散った水兵を集めて再編して欲しい」

と要請した。そこへ朝鮮朝廷に「漆川梁の海戦」の敗北の報が届いた。朝廷は驚き、呆然とした。さっそく国防会議を開き、爾後《じご》の対策を協議したが、国王の質問に答えられる朝臣はいない。朝臣の職は文班《ムンバン》（文官の官僚）が支配している。しかも李舜臣の追放を主張したのは彼ら

だった。

そこで国防大臣の李恒福《イハンボク》が、

「これは明らかに元均の失敗です。李舜臣をもう一度起用し、三道水軍統制使に任命すべきです」

と助け舟を出した。朝臣たちはほっとしたが、階級を戻すことは、これまでの朝臣たちの判断が間違っていたことを認めることになる。それは同時に国王の過ちでもあるというのだ。そこで李舜臣を一兵卒の階級のまま連合艦隊司令官に任ずることを主張し、国王は彼らの意見に従った。このニュースが全羅道《チョルラド》に伝わるや、海軍の兵士たちがぞくぞくと李舜臣の周りに集まりはじめた。大勢の青年たちが歓呼の声をあげて出迎える。

「無冠の提督！　白衣の提督！」

李舜臣は七月十七日に全羅道南部の会寧浦《フェリヨンポ》で一〇隻ばかりの朝鮮艦隊の残存艦艇を発見した。すぐに全羅道右水使に任命されたばかりの李億秋《イオクチュ》を呼び、

「ただちに船大工を集め、この一〇隻を亀甲船《コブクソン》に改修せよ」

と命令した。李億秋は戦死した李億棋《イオツキ》の息子である。李舜臣は新しく編成した将兵に対し、

「国王の命令のもと、われわれは決死の覚悟で最悪の状況に臨む。覚悟せよ」

と訓令する。部下将兵は、「李舜臣提督、永遠なれ！」と歓声をあげて応えた。しかし、日本

軍は全羅道東部の要地南原《ナムウォン》を包囲し八月十五日に攻略、さらに十九日、全羅道の道都全州《チョンジュ》を無血占領して城を破壊した。

二十三日、李舜臣は改修を終えた亀甲船一〇隻を指揮し、日本艦隊の不在をついて南海島《ナメド》の於蘭浦《オランポ》沖に到着した。

二十七日、日本艦隊八隻が李舜臣艦隊を発見し攻撃したが、李舜臣の巧みな反撃に遭ってほうほうの体で退却する。李舜臣は、亀甲船を八隻と二隻に区分して二隻を隠しておいたのだ。この戦術は、戦略・戦術の父と称されるカルタゴのハンニバルの得意技に似ている。

「どんな場合でも隠し駒を持て！」

である。翌日、李舜臣は朝鮮半島の西南端、珍島《チンド》の碧浪津《ピョンナンジン》に艦隊基地を設定した。ここに隠れていた慶尚道右水使《キョンサンドウスサ》・裴楔《ペソル》は、李舜臣から処罰を受けるのではないかと恐れ、部下を見捨てて逃亡した。

## 李舜臣の必死の抵抗

一五九七年九月、日本軍は忠清道《チュンチョンド》の公州《コンジュ》を占領した。六日、豆恥津《トウチジン》に停泊していた日本艦隊一三隻は陸軍の作戦に呼応して、忠清道西岸の黄海《ファンヘ》の制海権を獲得するために西方に進撃を開始し、珍島に接近した。しかし、李舜臣はいち早くこの動きをつかんで撃退した。海戦は李舜臣のほうが数枚上手である。日本艦隊は珍島の李艦隊基地に得意の夜襲をかけた。しかし、これも警戒厳重な李艦隊に砲撃戦で破れて退却した。

この日、半島の内陸では、日本軍が天安《チヨナン》と清州《チヨンジユ》を占領。翌七日には、先導部隊が北進を続け、稷山《チクサン》で南下してきた明軍と激突する。しかし、勝敗は見えない。

この日、豆恥津の日本艦隊がまたも珍島の碧浪津基地を砲撃したが、不成功に終わる。朝鮮朝廷は、李舜臣《イスンシン》提督が日本艦隊の黄海進出を必死に阻止しているにもかかわらず、艦隊を捨てて陸軍の戦闘に参加せよとの命令を下す。しかし、李舜臣は、

「一五九二年以来、全羅《チヨルラ》艦隊が存在しているかぎり、日本艦隊は全羅道と忠清道の海域を突破できませんでした。たった一二隻ですが、われわれが必死に阻止作戦を続けていれば、数的に優勢な日本艦隊といえども、われわれを無視することはできないでしょう。もし、われわれがここで阻止妨害作戦をやめれば、日本艦隊は忠清道沿岸を制し、漢江《ハンガン》をさかのぼって漢城に脅威を与えるでしょう」

と返事した。

八日、日本軍は忠清道の北限まで進撃していた。この作戦の目的は、朝鮮の首都・漢城を攻め落とすことではない。明軍を南部朝鮮に誘致することである。秀吉はこれで明軍を引きずり出せると判断した。そこで十日、第一線部隊に対し、ゆっくりと明軍を引き寄せながら右翼では

慶州《キョンジュ》と星州《ソンジュ》、左翼では順天《スンチョン》、泗川《サチョン》、竹島《チュクト》（洛東江河口《ナクトンガン》）を撤退目標として朝鮮半島の沿岸地域に撤退するように命令した。

## 転機ふたたび——鳴梁渡の海戦

時を同じくするように、李舜臣は珍島を引き払ってその北側で対岸の花源《ファウォン》半島西海岸にある右水営《ウスヨン》（基地）に移動し、日本艦隊の黄海進出を阻止する態勢をとった。日本艦隊が黄海に最短距離で進出する航路は、珍島と花源半島の間の鳴梁渡《ミョンニャンド》である。

九月十六日、日本艦隊は全力をあげて残存朝鮮艦隊を撃滅し、全羅道西海域の制海権を獲得するための作戦を開始した。そのねらいは、朝鮮海峡の全制海権を確保して黄海への進出を準備することであった。明軍が南部朝鮮に主力部隊を引きつけられたとき、黄海側から戦略的に包囲作戦を展開することができる。逆に、仁川《インチョン》に明艦隊が大量の補給物資を輸送していることから、この艦隊が朝鮮海峡に進出して日本軍の背後を脅かすのを阻止することも考慮したのだ。

まず全羅道右水営を攻略し、明・朝鮮艦隊の根拠地を奪い取ることが必要である。そのためには、鳴梁渡というきわめて狭い水道を突破しなければならない。鳴梁渡は潮流渦巻く水道である。日本軍は、この水道で大型船による海戦は不利と考え、中型船（関船）約一三〇隻を編成し、鳴梁渡に突入した。

これに対し、李舜臣は一二隻の亀甲船《コブクソン》をもって鳴梁渡の出口に立ちはだかった。潮の流れは午戦中が逆流で日本軍に有利である。李舜臣は全船に錨を下ろさせた。不退転の決死の戦闘である。「鳴梁渡の海戦」が始まった。

日本軍は艦艇数で約一〇倍、雲霞《うんか》のように李艦隊を包囲した。しかし、李艦隊の円陣を突き崩すことはできない。反対に、亀甲船の砲撃で日本船は次々に炎上したり沈没した。朝から始まった激戦は終日続き、ついに潮の流れが変わる。日本艦隊は包囲を解いた。李艦隊は錨を揚げて唐笥島《タンサド》に退却したが、日本艦隊は潮の逆流で追撃できなかった。

日本艦隊の損害は大きかった。来島通総・波多信時が戦死し、三〇数隻が沈没、その他多数の艦艇が破壊された。日本艦隊は慶尚道《キヨンサンド》の熊川《ウンチヨン》に撤退する。こうして、日本軍は全羅道《チヨルラド》沿岸の制海権を失った。

この海戦は、秀吉の第二次朝鮮出兵が失敗に向かう転機となった決定的海戦で、明軍は勝利の報を聞いて、明艦隊を黄海《ファンヘ》から朝鮮海峡に移す決断をした。

## 弊甲老将の戦い

一五九七年十一月末、明軍は数万の大軍を南部朝鮮に投入した。そして、爾後の作戦方針を決定する。その方針は、

「日本軍の中で最も戦闘に強い加藤清正軍を撃破し、日本軍を右翼から崩壊させる」

というものであった。その加藤清正は、主力をもって蔚山城《ウルサンソン》を建設するとともに、清正は手勢を率いて蔚山南方の西生浦城《ソセンポソン》にいた。

十二月五日、李舜臣は黄海に面する木浦《モクポ》近くの宝《ポ》(梅《メ》)花島《ファド》に基地を移し、まず全羅道沿岸の制海権を奪回した。

明・朝鮮連合軍の主力約六万五〇〇〇は蔚山に進出する。築城工事の最中で野外に休憩していた加藤軍約一万六〇〇〇は、奇襲を受けて未完成の城に逃げ込んだ。明軍は蔚山城を完全に包囲する。

明軍の攻城指揮官・麻貴は蔚山城に使者を送って降伏を勧めた。だが、加藤清正は、

「ぼろぼろの鎧（弊甲）を着ている老兵だが、明軍にひと泡吹かせよう」

と応える。明軍は二十三日から一月四日まで何度も総攻撃をかけたが、損害が続出した。そのうえ、日本救援軍の攻撃が切迫したと判断し、攻撃を中止して十時ごろから包囲を解いて退却を始めた。日本軍は猛烈な追撃を加える。明・朝鮮軍の損害は一万をはるかに超えた。

## 巨星墜つ

明・朝鮮の連合陸軍は蔚山で大敗して鳴りを潜め、日本軍と明・朝鮮軍の対峙状態になった。

しかし、二月、李舜臣《イスンシン》は康津郡《カンジングン》の南端にある古今島《コグムド》に大規模な海軍基地を建設して、ここから日本の海上輸送を圧迫しはじめた。

秀吉は、鳴梁渡の海戦の敗北により、第三段階の作戦である「明軍の撃滅」が困難になったと判断した。五月、朝鮮出兵兵力の半分にあたる約七万を日本に帰還させ、対馬・朝鮮海峡の制海権を完全に奪取するまで防勢をとることを決断した。そこで朝鮮南岸の配置の一部変更を命ずる。ふたたび秀吉の雄図は李舜臣提督によって挫折させられたのだ。

一方、七月までに明軍の増援部隊が戦線に到着し、明の兵力は一〇万となる。朝鮮軍も兵力を増強し、四万に成長した。これで総兵力は日本軍六万八〇〇〇の二倍強となった。

明・朝鮮陸軍は前回の蔚山《ウルサン》集中攻撃が失敗したので、兵力を三つに分け、全正面同時攻撃を計画した。これに明海軍一万三〇〇〇と朝鮮海軍七〇〇〇が連合艦隊を編成し、共同作戦を行なうことにした。東路軍の攻撃目標は蔚山（加藤清正―一万）、中央軍の攻撃目標は泗川《サチョン》（島津義弘―一万）、西路軍の攻撃目標は順天《スンチョン》（小西行長―一万四〇〇〇）である。

一五九八年八月十八日、日本では豊臣秀吉が病死し、巨星が墜《お》ちた。四大老はただちに朝鮮出兵を中止する。

そうとは知らず、九月十四日、明・朝鮮連合艦隊約五〇〇隻を含む四万四〇〇〇の兵力は、順天城《スンチョンソン》を陸海から包囲攻撃するが成功しない。

九月二十七日、中央軍は泗川《サチヨンソン》城の出城を占領し、泗川城前面に進出した。この状況を見ていた守将・島津義弘は、

「明軍は南江《ナムガン》南岸の野外に大軍を展開し、渡河要点の望晋城《マンジンソン》・永春《ヨンチユンソン》城を破壊したということは、近日中に泗川城に総攻撃するつもりだろう」

と判断し、徹底的に明軍を城に引きつけて一挙に攻撃に転じ、南江に圧倒して撃滅する計画を立てた。一種の背水の陣である。

十月一日、中央軍は泗川城を砲撃したが城は悲鳴も返さずに無人のように静かである。さらに工兵部隊は城の濠を埋めはじめた。それでも人影すら見えない。明軍は城壁を登り、城門を破って突入を開始した。

「射ち方始め！」

義弘の命令が走る。小銃の一斉射撃が、突入する明兵と城壁に張りついて登っている明兵を豪雨のように襲った。悲鳴が城外にわきあがる。義弘は間髪を入れず、陣前出撃の命令を出す。混戦は午後三時ごろまで続いたが、ついに明軍は雪崩を打って敗走する。

「追え！」

義弘の命令が空を飛ぶ。午後四時ごろまでに島津軍一万は明軍を南江河畔に圧倒した。明軍三万余が川の色を朱に染めた。これほどの殲滅《せんめつ》戦は戦史に数少ない。泗川の敗報で、明・朝鮮

軍の攻撃が止まった。

「退却作戦は出鼻に敵軍に一喝を食らわせろ。敵が腰を引いたときに間合いを切って、脱兎の如く逃げるのだ」

これが退却の原則である。明軍の現地指揮官は外交交渉を求めるようになった。日本軍では、十五日までに撤退命令がすべてに伝えられるのだが、またもや朝鮮を無視した頭越しの講和交渉である。秀吉の喪は伏せられたまま……。

## 敵中に孤立する小西軍

十月二十五日、順天と泗川で現地指揮官同士により、講和が成立した。そこで日本軍は、「まず、東部の加藤軍から釜山に撤退し、次いで十一月十日、西部正面の順天が撤退し、それを泗川と固城《コソン》の日本軍艦艇が援護する。その要領は、泗川の艦艇は南海島《ナメド》まで、そのあとは固城の艦艇が見乃梁《キヨンネリヤン》まで援護する」

ことを決定した。

十一月五日、李舜臣《イスンシン》は古今島《コグムド》の基地で、日本軍から脱出してきた朝鮮兵士から秀吉の喪と日本軍が朝鮮から撤兵する計画であることを知らされた。この情報は七日に明艦隊司令官・陳提督に伝えられた。そしてその夜、李舜臣は陳提督と会談し、朝鮮の頭越しの講和交渉をやめるように要請し、日本軍を撤退途上において撃破し、対馬海峡のもくずにすることを申し入れた。陳提督は戦功をあげる機会をねらっていた。これは、またとない申し入れである。

「よし、日本軍をたたきつぶそう！」

八日、明・朝鮮連合艦隊五〇〇隻は古今島基地を出陣し、九日に麗水《ヨス》の旧基地に、十日、南海島の北側、晋州湾《チンジュマン》の中の小さな松島《ソンド》に停泊して、泗川から脱出しようとする日本艦隊を攻撃しようとした。しかし、泗川、南海、固城の日本軍はそのわずか前、退却に成功した。そして、南海島の東北に連なる昌善島《チャンソンド》と巨済島《コジェド》に撤退し、順天から後退してくる小西軍を待った。

小西軍の撤退航路は、順天から東航して露梁津《ノリャンジン》を抜け、晋州湾を経て昌善島に向かうものと、順天から南海島の西側を南航し、麗水の鼻先を通り抜けて南海島の南側を迂回し、巨済島に向かうものの二本がある。

順天城の小西軍は全員乗船して出航したが、明・朝鮮艦隊が露梁津で阻止線を張っていることを発見し、急いで順天城に引き返した。小西軍は敵中に孤立してしまったのだ。

そこで十一日から十五日まで、行長は明軍と講和交渉を行なったが、明軍は首を縦に振らない。行長は「交渉と戦闘（talk and fight）」の名手である。彼のねらいは、この交渉で時間をかせぎ、日本軍主力の救援態勢を待つというものであった。そして撤退作戦の日を打ち合わせたのだ。

行長が考えたとおり、先に撤退した日本軍主力は小西軍の後退が遅れているのを怪しんで偵察船を出したところ、明・朝鮮艦隊が光陽湾《クアンヤンマン》と麗水湾を封鎖していることを知った。そして行長が十九日に脱出を決行しようとしていることを承知した。

## 英雄、陣頭に散る

一五九八年十一月十七日、小西軍の救出を計画した日本艦隊約五〇〇隻は、昌善島南北の水道から南海島北部の東側に進出し、その夜、一気に南海島と河東《ハドン》に挟まれた露梁津を通り抜けて、麗水湾《ヨスマン》から光陽湾に向かおうとした。

この情報は的確に明・朝鮮艦隊に伝えられていた。両艦隊五〇〇隻は、露梁津の東側入口を開放して日本艦隊が露梁津に入りやすいようにし、明艦隊は露梁津の西側出口の北側にある竹島《チユクト》に、朝鮮艦隊は南海島の西側にある観音浦《クアヌムポ》に停泊して日本艦隊の進出を待ち伏せた。

十八日午前二時、十五夜を過ぎてはいたものの、まだ大きな月が映る明るい海面を、日本救援艦隊が縦陣で粛々と露梁津をまさに通り抜けようとしたとき、待ち受けていた明艦隊の前衛戦隊と日本艦隊の先導戦隊が遭遇し、「露梁の海戦」が始まった。

明艦隊の前衛も主力も、勇猛果敢な島津艦隊に撃破された。すると、李舜臣の朝鮮艦隊が南方から横槍を入れた。このとき、陣頭に立って指揮する李舜臣に一弾が命中した。彼は最後の命令を発して倒れた。

「まさに決戦のとき、わが死を伏して戦え！」

露梁津の海戦は、李舜臣艦隊の活躍によって崩壊寸前の明艦隊が救われ、朝鮮艦隊の勝利のうちに終わった。順天城《スンチヨンソン》の小西軍は明・朝鮮艦隊の態勢整理のすきに乗じて、翌十九日、光陽湾から麗水湾を経て南海島の南回りで脱出することができた。

今日、露梁津には「南海大橋」が架かっている。釜山と東莱《トンネ》から全羅道《チヨルラド》の光州《クアンジユ》に向かう南海高速道路に乗り、河東インターチェンジで降りて南に旧街道を走るとすぐにこの南海大橋に到達する。これを渡って南海島の観音浦に行くと、李舜臣提督の銅像が立っている。この付近は韓国艦隊の基地でもある。

南海大橋のそばから露梁津を眺めれば、秀吉の夢が潮流とともに流れて消えるときを思わないわけにはいかない。

日本の戦後の歴史家は「秀吉の暴挙」と一言で片づけてしまう傾向があるが、この対馬・朝鮮海峡の航跡から何も学んでいないような気がする。

しかし、十五世紀から十九世紀までの日本の歴史において、文禄・慶長の役ほど多くの教訓を含んでいた時代はなかった。

第四章

# 対馬海峡の戦跡(3)

## ——アジアを狙うシー・ライオン

日露戦争の日本海海戦に備えて
鎮海湾に集結した連合艦隊

# 1　日清戦争と日本軍の近代文化

## 狭くなった海峡

一七七一年、ロシアの捕虜収容所のカムチャッカ半島から船を奪って脱出してきたハンガリー人ベニュフスキーが、約百六十年の太平の夢に眠っていた日本に、長崎の出島にあるオランダ商館を通して、

「ロシアは軍艦三隻で日本周辺の島を侵略する」

と警告した。幕府は驚いたが、それだけである。問題の重要さに気づき、ドラスティックな対応を説いた知識人は政府要人から嫌われた。

一七八六年、仙台藩士の林子平は、江戸で『海国兵談』（一六巻）を著わして国防の必要性を説こうとした。

「日本橋から中国・オランダまでは一衣帯水だ！」

海には人の往来を妨げるものは何もない。船が発達すれば相対的に海峡は狭くなる。だから

海軍と砲台（基地）を建設することを勧めたのだ。

ところが、幕府はこれを「虚構妄説」とし、幕府の政策を批判するものだとして彼の禁錮を命じ、著書を絶版とした。彼は、

「親もなし、妻なし子なし、版木なし、金もなければ死にたくもなし」

との歌を残して世を去った。彼の警告どおり、十八世紀末からロシアが猛烈な外圧をかけてきた。続いてイギリス、アメリカが日本の沿岸に押し寄せた。外圧は実行動だけではない。中国の清王朝がイギリス、フランス、ロシアから猛烈な砲艦外交を受けているという情報が日本にひしひしと伝わってきた。情報外圧である。

しかし、怖いものは考えたくない幕府は、一八二五年、外国船打ち払いを命ずる。外国船とは欧米船を指した。軍事先進国の実像を見たくなかったのだ。

転機はアヘン戦争であった。幕府は西洋式砲術の導入を模索し、一八四一年、現在の東京都板橋区徳丸の幕府演習場で高島《たかしま》秋帆《しゅうはん》が西洋式陸軍の大演習を展示する。しかし、彼も最後は伝馬町の獄に送られた。

## 欧米列強にねらわれはじめるアジア

約二百五十年の太平の夢から覚めて、日本軍が近代化に向かうには、先覚者の屈辱の死骸が

山積みとなる必要があった。結局、日本軍の近代化は政権中枢の幕府からではなく、薩摩、肥前、長州などの雄藩や貧乏御家人の勝海舟などの力によってスタートする。現在の日本のリーダーにとって、自戒すべき歴史の事実である。

一八六一年、ベニュフスキーの警告のとおり、ロシア軍艦ポサドニックが対馬の浅茅湾《あそうわん》に来航し、芋崎に上陸して略奪を働きながら停泊を続けた。

前年、清国に北京条約を押しつけたイギリスとロシアが、日本海と東シナ海を結ぶ対馬海峡の緊要な島を見過ごすわけはなかった。基地にしようというのである。そこでロシアが先手を打って占領したのだ。

軍事力のない日本は手も足も出ない。一方、先を越されたイギリスは軍艦二隻を派遣してロシア軍艦の動きを監視し、ロシアに強硬な抗議を行なった。撤退しなければロシアの極東艦隊を撃滅するというのである。事態の悪化を恐れたロシア外相の指示で、ポサドニックは対馬を離れた。

一八六六年、ロシアはウラジオストックから朝鮮半島東海岸の元山《ウオンサン》に砲艦一隻を派遣して、

「開国し、通商せよ。さもなくば武力を行使する」

と砲艦外交を行なった。朝鮮王朝は、

「宗主国の清国に聞いてくれ」

と言って、かろうじて下駄を中国に預けた。ついに、日本も朝鮮も列強の対立に巻き込まれはじめたのだ。

そこで日本は軍の近代化と軍事産業の育成に邁進することになる。二世紀半にわたり太平の夢をむさぼっていた怠惰を穴埋めするためには、二世紀近く西欧に「追いつけ」政策を続けなければならなかった。

対馬海峡は、単に日本と朝鮮半島の往来をつなぐ海峡の価値だけではなく、ロシア極東艦隊の基地が存在する日本海と、イギリスやフランスの艦隊が跳梁する東シナ海を結ぶ戦略的価値をもつようになった。

## 日清戦争の背景

一八六八年（明治元年）、日本は明治維新を断行し、朝廷の職制の太政官に「海陸軍軍務課」を設けた。この職名で注目すべきは、海軍が先で陸軍が次になっていることである。当時の国防においては、海防が真っ先の課題であるとリーダーたちが認識していた証拠であろう。

明治日本にとって第一の脅威はロシアであり、軍備強化の優先順位は海軍力の建設であった。これは、一般に「海主陸従」主義といわれている。一方、陸軍は「鎮台軍《ちんだいぐん》」と呼ばれるように、国内治安の維持が主任務であった。そのためにとりあえず整備した一八七一年の日本の海軍力は、甲鉄艦二隻を含む軍艦一四隻、輸送船三隻であった。

ところが、明治維新の諸施策に反対する反乱が各地で発生したため、陸軍の強化が現実対処で優先するようになってしまった。「陸主海従」主義というものである。

当時、第一次、第二次アヘン戦争に破れた清国は、国防力の強化に努めていた。その方針はイギリス・フランスに対処することを優先する「海防主義」と、ロシアへの対処を優先しようとする「塞防（陸地国境の防衛）主義」の二つに意見が分かれていたが、北部中国の外交、国防と通商を担当する李鴻章《りこうしょう》が主導権を握っていて海軍の育成に努力していた。陸正面の脅威であるロシアに対しては、当然ながら「友好主義」でカバーしようとしていた。彼は事実上の宰相であったといっていい。

李鴻章が掌握していた北洋艦隊は、甲鉄の巨艦「鎮遠」「定遠」二隻を筆頭に、巡洋艦四隻を含む軍艦八二隻、水雷艇二五隻であった。

日本の潜在敵国の第一はロシアであったとしても、シベリア鉄道が完成するまでは、当面の具体的な脅威はこの清国の軍事力であった。

朝鮮半島の戦略的地勢は日本の下腹に突きつけられた匕首《かまくび》であるとしても、軍艦の航海力が帆船から蒸気機関に変化したので、対馬海峡のもっていた戦略的価値は、渤海湾、黄海、東シナ海、対馬海峡、日本海に広がったことになる。言い換えれば、帆船時代には日本を防衛するための戦場海域は玄海灘であったが、これからはそれが周辺の四つの海域とその対岸ということになったのだ。その渤海湾、黄海、東シナ海に、清国の北洋艦隊が遊弋《ゆうよく》するようになったのである。

## 明治日本の戦争準備

一八八〇年と一八八五年に、ロシアはふたたび通商を求めて元山《ウオンサン》に開港を迫る。朝鮮朝廷はこれまで開港について、宗主国である清の認可が必要だと責任をなすりつけていた。しかし、もう清国に責任を押しつけられない。このときはイギリスが、済州島《チエジユド》と朝鮮南岸の高興《コフン》半島の中間で朝鮮海峡のど真ん中に位置する巨文島《コムンド》を強引に占拠して、ロシア艦隊を日本海に封じ込め、ロシアのこの行動に反対した。一方、清国は、ロシアの覇権が朝鮮半島に及ぶのを極度に警戒していた。そのため、口実を設けて朝鮮に清国軍を常駐させようとしたのだ。こうして対馬・朝鮮海峡、日本海における軍艦の航跡は広がった。

ところが、清国の覇権が朝鮮半島を支配することを恐れた日本の陸軍軍人たちは、日本の国防線は鴨緑江《アムノツカン》だと主張しはじめた。これを契機に、陸軍は一八八八年、鎮台軍から「遠征軍」に脱皮した。この感覚はイギリス陸軍と同じで、「海洋国家の陸軍は遠征軍」というのは世界の常識である。

一八八九年、海軍は、初めて甲鉄艦六隻で常備艦隊を編成した。国家財政窮乏のときであったが、一八九〇年にはようやく海軍予算が増額されるようになった。

翌年、清艦隊は旗艦「定遠」と同型の「鎮遠」（七二二〇トン）を含む大艦隊をもって東京湾を訪問して示威した。多くの日本人はその威影に衝撃を受けた。

そこで一八九三年、国家のリーダーたちが率先して自分の収入から軍事費を寄付し、〝戦争準備〟を開始した。これが、明治日本の戦争を決断した最初で、準備がととのうには一年余を必要とした。

こうして一八九四年の日本海軍の戦力は、就航しているものが軍艦三一隻、水雷艇二四隻で、建造中が軍艦六隻、水雷艇二隻となる。

備砲を見ると、大口径砲では北洋艦隊が二一門、日本艦隊が一一門、中口径の速射砲では北洋艦隊が六門、日本艦隊が六七門であり、主力戦艦の速力は北洋艦隊が一四ノット、日本艦隊が一六ノットである。それでも清国の北洋艦隊のほうが優勢と思われていた。

朝鮮半島をめぐって清国はロシアを嫌い、日本はロシアと清国を嫌う。ロシアは遼東半島か朝鮮半島の不凍港をねらっていた。

日清戦争にいたる過程で、日本はロシアに対して朝鮮半島を三八度線で南北分割する案を提示している。もちろんロシアの関心は対馬海峡にあったので、これは受け入れられなかったが、興味深い地政学的提案であった。

## 開戦の舞台は朝鮮半島

一八九四年七月から実質的に始まった日清戦争は、日清両国が朝鮮半島に陸軍兵力を集中する競走で幕が開けた。清軍は平壌《ピョンヤン》に主力一万を、漢城《ハンソン》（ソウル）南方約一〇〇キロの牙山《アサン》に一部三五〇〇を配置し、漢城に位置する日本軍を南北から挟みつけて撃破しようという構想である。

一方、済物浦《チエムルポ》（仁川《インチヨン》）を上陸拠点としていた日本軍は、まず牙山の清軍を撃破したのち反転し、平壌の清軍主力を撃破しようとする方針である。両軍とも兵力が不足していた。そのため、陸軍兵力を朝鮮に送り込む競走になったのだ。

二十五日、坪井提督の指揮する日本艦隊三隻は、北洋艦隊が清国の増援兵力を牙山に海上輸送するのを阻止するために黄海《ファンヘ》を北上し、そこで清艦隊の巡洋艦「済遠」と砲艦「広乙」の二隻と遭遇した。二隻は、豊島《ブンド》沖で牙山に兵力一五〇〇の輸送を終えた輸送船二隻を護衛していたのである。砲撃能力で圧倒的に優れていた坪井艦隊は、たちまち輸送船一隻を撃沈し、軍艦二隻に大損害を与えた。「済遠」は大破したまま旅順まで逃げのびたが、「広乙」は岸に座礁して爆沈した。「豊島沖の海戦」である。

そこへ約一二〇〇の陸兵を乗せた輸送船「高陸号《こうしょうごう》」と砲艦「操江」が牙山に向かってきた。「高陸号」は清国がチャーターしたイギリス船である。巡洋艦「浪速」の艦長、東郷平八郎大佐は停船を命じて臨検しようとした。「操江」は煙をまいて旅順に逃走する。

臨検する日本士官に対して、日清戦争の開戦を知らないイギリス船長は激しく抗議したが、説明を聞いて日本海軍の命令に従うと同意した。しかし、いざ「浪速」に続行しようとすると、乗船していた清国兵が船を占拠して、船長が東郷の命令に従うのを阻止した。

東郷は三時間も説得に努めたが、清国兵の回答は「NO!」であった。やむなく東郷は近距離から魚雷一発、一五センチ砲三門を含む五門の砲で一斉射撃を行ない、「高陸号」を撃沈した。そしてイギリス人の乗組員を救助する。

この事件が西欧で報ぜられると日本に対する大非難が巻き起こった。しかし、イギリスの国際法学者が連名で、

「国際法に違反しない」

と「ロンドン・タイムズ」に寄稿して一件落着する。

## 英米の海軍戦略を学んだ日本海軍

明治維新の直後、日本の海軍士官候補生たちは訓練を受けるために英国に数多く留学してい

た。若い時代の東郷もその第一回留学生である。

彼らは武士の精神を身につけていた紳士たちであるとともに、米国のＡ・Ｔ・マハンの海軍戦略論の生徒でもあった。

「海洋国家は、制海権をもたなければ独立国として生存できない。制海権を制するには、対岸の海軍基地を占領して敵艦隊を追い出し、海上で撃破することだ。基地に対する攻撃は陸軍が背後から攻撃せよ」

の原則を十分に承知していた。イギリス留学中の若い東郷の教育を担当したヘンダーソン・スミス大佐は、東郷の人となりを評してこう言っている。

「寡黙で吠えないが、獅子の心をもった男である」。

一方、漢城《ハンソン》から南下した大島旅団約六〇〇〇は、一八九四年七月二十九日、車嶺《チャリヨン》山脈《サンメク》の北麓に位置する成歓《ソンファン》で、清国軍二〇〇〇を撃破して緒戦を飾る。牙山《アサン》の清国軍約一三〇〇は、霧散して平壌目指して逃げた。

次いで、山県有朋大将を司令官とする第一軍が漢城で編成され、平壌に向かって進撃した。そして九月十五日、第一軍の第五師団（野津中将）の約一万五〇〇〇は、平壌の清国軍一万四〇〇〇を撃破して鴨緑江《アムノッカン》に向かい、追撃する。

この日の夜、北洋艦隊はおびただしい陸軍兵力を満載して旅順を出航し、鴨緑江河口の大東溝《テドングヮ》に向かった。そして、十七日、陸兵の揚陸を終えたころ、伊東祐亨《いとうすけゆき》提督の指揮する日本連合艦隊は、北洋艦隊主力を追い求めて黄海を北上していたとき、その前衛艦隊が鴨緑江河口沖で北洋艦隊を発見した。

## 海を制した日本が勝利

大陸国の海軍には、海軍戦略の感覚が体に染みついていない。もちろん制海権の概念も薄い。せいぜい存在で示威しようとする「牽制《けんせい》艦隊（fleet in being）」の感覚である。提督や士官がこの程度のシーマンシップだから、水兵は軍艦に乗った陸兵のようだった。

こうして「黄海《ファンヘ》（鴨緑江河口）の海戦」が始まった。このときの北洋艦隊の戦力は甲鉄戦艦二隻、軽巡洋艦四隻、水雷艇六隻であった。伊東艦隊は重巡洋艦四隻、軽巡洋艦四隻、旧式巡洋艦二隻であった。

日本軍は、砲術能力において決定的に勝っていた。しかも、口径は小さいが速射砲が圧倒的に多い。戦闘は五時間に及び、清国艦艇は三隻（超勇・致遠・経遠）が沈没、残りは傷ついてよろよろと旅順港に逃げ込んだ。日本艦隊で大きな損害を受けたのは旗艦「松島」のみである。

旅順は強力に守られているはずだったが、十一月二十一日、大山巌中将の指揮する日本第二軍二万六〇〇〇が遼東半島に上陸し、旅順を攻略する。守備隊一万三〇〇〇はたった一日の戦闘で降伏した。もちろん、旅順にいた北洋艦隊は山東半島の威海衛《いかいえい》軍港に逃れた。

遼東半島を席捲した第二軍は、山東半島に面する海岸において次の作戦を準備した。そして伊東連合艦隊と連携し、山東半島の栄城湾に上陸する。さらに一八九五年二月二日、威海衛を攻撃し、陸岸を占領した。これに呼応して、伊東艦隊は威海衛内の清国艦艇を砲撃する。ついに北洋艦隊水師（司令官）の丁汝昌《ちょうじょしょう》提督は降伏し、自殺した。ここに日清戦争が終わる。

日本海軍は、渤海湾、黄海、東シナ海、対馬海峡、日本海の制海権を握ったのである。まさしく海洋戦略の原則のとおりであった。

## ロシアの野望とイギリスの干渉

大陸の大国ロシアが不凍港を求めて南下する伝統的な政策に対し、英国は十九世紀ごろからことごとく阻止してきた経緯がある。

南下を目指すロシアは日清戦争の結果に介入し、遼東半島の旅順と大連の租借を確保した。さらに中国の義和団事件（一九〇〇年）のあと満州に軍をとどめ、一九〇一年に満州を占領しようとした。シベリア鉄道を遼東半島にまでつなごうというのである。それが成功すれば、ロシアとしてはピョートル大帝以来の夢が実現できる。

そして朝鮮半島の中立化を画策しはじめた。それどころか、ロシアは旅順を獲得すると今度は旅順とウラジオストックを結ぶ海域の制海権が欲しくなったのだ。それは日本にとって百年来続いているロシアの脅威にほかならない。

英国は日本の対ロシア恐怖感を利用し、一九〇二年に日英同盟を締結した。日本もまた日英同盟を利用してアメリカの支援を取りつける。

# 2　日露戦争になぜ勝てたのか

## 日本にとって「国防戦争」だった日露戦争

歴史の解釈論として、日露外交において両国が交渉したときに交わされた意見を解釈して、日本の戦争目的は朝鮮半島を独占し、国防線を鴨緑江《アムノッカン》にしようとしたのだとか、満州進出の契機を得ようとしたのだというさまざまな見解があるが、現実は日本がそんな膨張的な戦争目的をとれるような国情にはなかったし、日露戦力比も歴然としていた。

日本の戦争目的はもっとせっぱ詰まったもので、明らかに「国防戦争（Defense War）」であった。そしてその戦略方針は、

「戦場を東シナ海、渤海、黄海、玄界灘、日本海の海域とその対岸とし、その制海権を確保して日本を防衛する。このために、ロシアの保有する不凍港・旅順を陸上から攻撃占領し、ウラジオストックを海上封鎖してロシア艦隊を撃滅する」

というものであった。満州においてロシア陸軍を撃破するのは、この戦略目標を達成するた

めの作戦である。

もちろん、陸軍戦略としては、在満州ロシア陸軍を撃破することによって旅順を占領するのか、旅順攻略に主力を指向して在満州ロシア軍を牽制・抑留にとどめるのかの選択肢があったことは間違いないが、在満州ロシア軍主力が健在であれば、後者の案は成り立たないことになる。

逆に、在満州ロシア軍を捕捉撃破することに失敗し、満州奥地に後退された場合には、占領した旅順港を徹底的に破壊して使用を拒否し、海洋覇権を握っての「ヒット・エンド・ラン作戦によるフロム・シー戦略」による持久戦に転換せざるをえないことも考慮しなければならなかった。

ウラジオストックは一年のうち三カ月は使用できない凍結港なので、制海権の維持に重大な影響を及ぼさないが、持久戦になれば当然、ヒット・エンド・ラン作戦の目標にしなければならない軍港であった。

旅順を陸上から攻撃するためには、遼東半島の首根っこに上陸することが必要である。しかし、満州にはロシア陸軍が、朝鮮半島と遼東半島のいずれにも作戦を展開できるように遼陽を中心にしてにらみをきかせている。

そうとすれば、まず朝鮮半島から進撃して遼東半島に上陸する地点を確保することが先決である。

朝鮮半島から進撃するには、つとめて鴨緑江に近いところに上陸しなければ陸軍の兵站《へいたん》支援が続かない。その場所は「仁川《インチョン》」をおいてほかになかった。釜山《プサン》では遠すぎる。

結局、ロシアの戦争目的は「朝鮮半島の占領」であり、日本の戦争目的は「防衛」で、作戦目標は「制海権の奪取」であったと要約できよう。日露戦争は二十世紀初頭における世界最大の陸軍作戦であり海軍作戦であったが、世界の軍事史家は戦争目的において「限定戦争」と意義づけている。

## 日・露海軍の作戦方針

日本は一九〇二年に海軍拡張計画を完了していた。ところが、この年の夏に戦力バランスを不利と感じたロシアは、極東海軍を増強しはじめた。ロシア太平洋艦隊は、一九〇四年までにウラジオストックと旅順の合計で戦艦七隻、装甲巡洋艦四隻、巡洋艦一〇隻、砲艦七隻、駆逐艦二二隻、水雷艇一七隻を基幹にして、そのほかに武装可能な商船一四隻を配置した。

ロシア太平洋艦隊の弱点は、欧州ロシアからシベリア鉄道によって遠く兵站線を引いていることであった。もう一つの弱点は、海洋民族性に欠けている乗組員が多かったことである。

一方、日本海軍は、戦艦六隻、装甲巡洋艦六隻、巡洋艦一二隻、駆逐艦一九隻、水雷艇七六隻が主力である。

日本艦隊の弱点は、陸軍を海上輸送するのに必要な船舶数に余裕がなかったことであり、それにすぐに応えるだけの造船力もなかったことである。もしも輸送船を攻撃されたら、ということは頭痛の種だった。

日本軍はロシア軍の配置の情報を集めるのに手段を尽くした。その結果、ウラジオストックに巡洋艦四隻、水雷艇一七隻が配備されていることをつかんだ。主力は旅順である。また、仁川に巡洋艦一隻、砲艦一隻が日本の動静を探るために停泊していた。

ロシア海軍は、極東に日本海軍と比肩する太平洋艦隊を保有していながら、「量の戦略」主義で作戦を計画した。すなわち、

「太平洋艦隊で日本艦隊を牽制・抑留し、欧州からバルチック艦隊を回航し、圧倒的戦力を集中して日本艦隊を撃破する」

である。その結果、ロシア太平洋艦隊司令官スタルク中将の作戦方針は、

「第二太平洋艦隊（バルチック艦隊）が到着するまで、日本艦隊を牽制・抑留しつつ、戦力を温存する」

ということになった。これに対して、日本海軍の作戦方針は「術の戦略」主義で、戦場海域においてロシア艦隊を各個に撃破するため、

「有力な一部部隊でウラジオストックのロシア艦隊を拘束し、まず主力部隊をもって旅順艦隊を撃破する」

というものであった。このためには、陸軍の仁川輸送の援護を最小限にする必要があった。その方法は「開戦前上陸」の奇策しかない。

## 日本人離れした東郷提督

「沈黙の獅子」とイギリス海軍から評されている東郷平八郎提督（一八四七―一九三四年）は、薩摩藩出身である。薩摩藩は、藩の北方境界を厳しい山岳地帯によって九州の他の地域から区画されており、「日本のポルトガル」と呼んでよいだろう。薩摩藩は、鎖国の時代にあっても琉球王国を支配下におき、琉球を通して貿易を盛んにしてきた。日本人の中で例外的に外洋の〝潮っ気〟のある人々が住む地方である。黒潮とともに生きてきたのだ。

平八郎は十五歳で薩英戦争に参加し、十八歳で薩摩海軍に入った。そして薩摩の軍艦「春日」の砲術士官となり、淡路島沖の海戦を戦った。戊辰戦争のときには、函館の榎本軍に対する戦争に海軍士官として参加した。

二十三歳のとき、新しい明治政府の海軍士官学校に入校し、その年の暮れに英国のテームズ海軍訓練大学に留学、ウォセスター号で訓練を受け、さらに帆船ハンプシャー号で航海術を習得した。二十七歳から二年間、ケンブリッジ大学で数学を専攻したあと、シーアネスで建造中の日本軍艦「扶桑」について二年間勉強する。

三十歳で帰国する寸前にやっと海軍大尉に昇任し、現役期間を四十六歳まで延ばすことができた。決して早い昇進ではない。そして三十二歳で十七歳のかわいらしい女性と結婚した。

酒は嫌いではなかったが、チビチビとやるほうで、飲み屋から嫌われた。日本酒よりも洋酒を好んだ。四十五歳のとき、健康上の理由で、予備役に編入されそうになったが、その直前、日清戦争のために巡洋艦「浪速」の艦長に任命された。戦争が彼を求めたのである。

日清戦争では、坪井艦隊の一隻として、「豊島《プンド》沖の海戦」「黄海《ファンヘ》の海戦」「威海衛《いかいえい》の攻撃」に参加した。戦功で昇任の速度が上がり、四十七歳で海軍少将となる。

身長は約一六〇センチ、小柄だが肩幅は広かった。少し前かがみに歩く癖があり、いつも控えめな態度であったが、その目は「人の心の奥底まで見通すような」鋭い光を放っていた。仕事はテキパキとさばき、服装は乱れたことがなかった。

東郷の生き方は「クール」である。師と仰ぐ西郷隆盛が反乱を起こしたとき、東郷はイギリスに留学中であった。多くの同じ薩摩の仲間が留学を取りやめて帰国し、反乱に参加したが、彼は自分のなすべきことは「国のために海軍技術を習得」することだとして公私混同しなかった。西南戦争では、彼の家族は西郷側について戦い、二人の兄弟のうち一人が戦死し、もう一人は捕虜となった。

東郷が人生において直面した状況は、「霧の中」が多かった。しかも難しい選択を迫られるケースがほとんどだ。その中で鍛えられた彼の「平常心」は複雑な状況を単純化して見る目を育てていった。生活感覚と態度が当時の日本人、いや、今日の日本人から見ても日本人離れし、寡黙なイギリス紳士のタイプであった。日本人の嫌いな〝西欧かぶれ〟といえようが、目立たなかったのが幸いした。もし、世界の軍事史家にひと言で東郷提督を評させれば「無私・冷静沈着」であろう。

## 仁川沖の海戦

一九〇三年十月、明治日本は台湾総督だった児玉源太郎少将を陸軍参謀次長に補職した。明治が生んだ「虎」である。また、二年前から舞鶴軍港の建設を監督するという閑職に就いていた東郷を、常備艦隊司令長官に補職した。野に虎を放ち、海にシー・ライオンを放ったこのときが、日本が日露戦争を決断したときである。明治日本の人事はものすごい。適材適所に徹していた。職務の格の上下など無関係である。言うならば、児玉は格下げ補職であり、東郷は抜擢である。

十二月二十八日、常備艦隊が解散されて第一艦隊と第二艦隊に組み替えられ、この二つの艦隊で連合艦隊が編成された。連合艦隊司令長官兼第一艦隊司令官となった東郷中将は、連合艦隊を率いて朝鮮海峡の奥深く、鎮海湾《チネマン》に入って砲撃の訓練を強化した。第二艦隊司令官は上村彦之丞中将である。

正月を返上し、約一カ月の猛訓練を終えた連合艦隊は佐世保に集結した。一九〇四年二月六日、東郷は開戦の詔勅を部下指揮官の前で読み上げたあと出陣を命令した。

第二艦隊から分派された瓜生外吉《うりゆうそときち》少将の指揮する巡洋艦五隻、水雷艇二個隊は、陸軍の一個師団を運ぶ輸送船団三隻を護衛して仁川《インチョン》に向かった。仁川では、日本の巡洋艦一隻がロシアの軍艦の行動を監視していた。この時点では、まだ開戦していない。

二月八日、瓜生艦隊は図々しくも、ロシア軍艦の見ている前で陸軍一個師団を仁川港に上陸させてしまった。そして、港外でロシア軍艦の出てくるのを待った。

その夜、日本水雷艇艦隊は旅順港外に進出し、港外に停泊していたロシア艦隊に水雷攻撃で奇襲した。ロシア戦艦二隻、巡洋艦一隻が魚雷を受けて損傷し、海岸に座礁した。

二月九日、仁川ではロシア巡洋艦と砲艦が瓜生艦隊から開戦の通知を受け、事態をやっと理解した。そして自殺に等しい出航をした。二隻は猛火を浴びて沈没する。

同じころ、旅順港外に約一二隻のロシア艦隊が停泊していた。そこへ東郷は、第一艦隊の戦艦六隻、次いで第二艦隊の巡洋艦五隻、さらに第一艦隊の巡洋艦四隻を縦陣で三波に分けて攻め込ませ、砲撃を浴びせた。ロシア軍の被害は巡洋艦四隻のみ。戦果は大きくない。東郷は砲台からの敵火を警戒して攻撃を中止し、牙山《アサン》沖に集結して爾後《じご》の作戦を検討した。

翌日、旅順には欧州にいるバルチック艦隊から増援の水兵部隊が到着した。太平洋艦隊司令官スタルク中将は、バルチック艦隊が来着するまで旅順に閉じこもり、砲台の射程外に出ないように命令した。

## 旅順港の閉塞

ロシア艦隊に旅順に立てこもられると困るのは日本軍である。しかも、ウラジオストックは凍結中でロシア艦隊が行動できないと判断していたところ、二月十日、巡洋艦四隻が砕氷船を使って出撃し、津軽海峡で日本商船二隻を撃沈した。非武装の貨物輸送船に対する攻撃は「通商破壊作戦」であるが、旅客船に対する攻撃は非難される。しかし、日本に与えた心理的効果は大きかった。連合艦隊の油断である。

一方、日本陸軍は第一軍が仁川に上陸し、北上を開始する。

東郷は、決死隊の作戦を実行する覚悟を決めた。オンボロ商船を旅順湾口に自沈させて封鎖しようというのである。隊員を募集すると二〇〇〇名が応募した。二月二十四日、ボロ船五隻が夜明け前に湾口に突進したが、ロシア軍は気がついて撃沈してしまう。

そこで三月二十六日、第二回の決死隊がボロ船四隻に乗って突撃した。しかし、三隻は湾口に到達する前に撃沈された。最後の一隻は湾口近くまで進んだが、これも魚雷を受けて沈む。この船を指揮していた広瀬少佐が行方不明の部下を捜しあぐねて退船のタイミングを失ったとき、一弾が彼の肉体を砕いた。広瀬少佐は、部下を思う指揮官の模範として、また、戦前の駐ロシア日本公使館武官としての業績によって英雄扱いとなる。

三月七日、戦意を失っていたスタルク中将に代わり、太平洋艦隊司令官にマカロフ中将が着任した。彼はロシア海軍のエースであった。東郷はマカロフの著作『海戦論』を熟読していた。マカロフは沈滞していたロシア海軍兵士の士気をたちまち蘇らせたのだ。

そこで東郷は、巡洋艦隊をもってロシア艦隊を旅順からおびき出す戦術に出た。なぜなら、日本軍は遼東半島の首根っこに一日も早く上陸したいと願っていたし、また、春の氷解けによってウラジオストックのロシア艦隊の動きが活発になるからであった。

機雷四八発を湾口近くに散布した日本巡洋艦隊は、機雷敷設艦を追いかけてきたロシア駆逐艦を、猟犬が獲物をなぶり殺しするように攻撃した。部下の苦境を見逃せないマカロフ提督は、戦艦五隻、巡洋艦四隻、駆逐艦九隻を率いて出撃した。日本巡洋艦隊はどんどん退却する。一五海里ほどおびき出されたマカロフは、戦艦五隻、巡洋艦六隻の東郷艦隊を発見する。今度は彼が旅順に向かって退却する番になった。不幸にしてマカロフの旗艦は機雷に接触し、爆沈する。

マカロフ提督を失ったロシア艦隊は、いよいよ意気消沈して基地に閉じこもる。マカロフの後任者が着任するまでアレクセーエフ総督が指揮をとるが、作戦能力はほとんどない人物だった。

五月一日、日本陸軍第一軍は鴨緑江《アムノッカン》のロシア軍防御陣地を突破。しかし、旅順港の第三次閉塞作戦も成功はおぼつかなかった。それでも日本軍は五月五〜十九日、第二軍が旅順北東約七〇キロに上陸して旅順に向かったが、南山《ナムサン》でロシア軍の死に物狂いの抵抗に遭う。しかし、この南山の戦闘も五月二十五日に終わった。アレクセーエフ総督は旅順から遼陽に逃げ出し、太平洋艦隊の指揮はウィトゲフト少将がとることになった。

## 旅順攻撃開始

日本軍は南山占領後に第三軍を編成し、旅順攻略を担任させた。指揮官は乃木希典《のぎまれすけ》中将である。その第三軍は、旅順のロシア軍の出撃を破砕しながら次第に包囲の態勢を確立し、八月七日、最初の旅順攻撃を開始した。だが攻撃は撃退された。

一方、ウラジオストックのロシア艦隊は元気であった。いわゆる「通商破壊作戦」を開始したのだ。朝鮮の元山《ウオンサン》から日本に向かう輸送船を撃沈、津軽海峡で輸送船三隻を撃破、さらに津軽海峡を通り抜けて太平洋側に進出した。その後、東京湾周辺にまで出没し、輸送船六隻を撃破して引き揚げる。上村第二艦隊は、この敵を捕捉できなかった。国内では、沿岸航路も守れないのでは国を守っていることにはならないと非難ごうごうである。

ロシア側でも同じだった。旅順とウラジオストックの基地の連携が分断されているようでは、ロシア海軍の恥であるというのだ。

ウィトゲフト提督は六月二十三日、ウラジオストック目指して主力を率いて出航した。しかし、東郷艦隊の姿を見て決戦を回避し、旅順に引き返した。白人の提督が黄色の提督の雄姿を見ておじけづいたのだ。これは世界のトップニュースになった。

陸上からの旅順の包囲網は次第に狭まり、やがて日本陸軍の砲弾が湾内のロシア艦隊に届くようになると思われた。そこで八月十日、ウィトゲフト提督は意を決してウラジオストックに向かい、合流するために出撃した。そういえば格好がよいが、要は陸上からの圧力で追い出されたのだ。

東郷艦隊の戦艦四隻、巡洋艦一一隻、駆逐艦一七隻は旅順の南方の円島でこのときを待っていた。ロシア艦隊戦艦六隻、巡洋艦五隻、駆逐艦八隻が十分に旅順から離れたとき、東郷は戦闘開始を命令した。「黄海《ファンヘ》の海戦」である。砲撃戦闘は約一時間半続き、ウィトゲフトが戦死、ロシア艦隊は混乱に陥った。巡洋艦一隻沈没、戦艦一隻、巡洋艦三隻、駆逐艦五隻の合計九隻が中立国の港に逃れて武装解除された。旅順には戦艦五隻、巡洋艦一隻、駆逐艦三隻が満身創痍で逃げ帰ってきた。

## 普仏戦争以来最多、三〇万人が戦った遼陽会戦

八月十四日、ウラジオストックのロシア巡洋艦三隻が、対馬海峡の北側入口に近い蔚山《ウルサン》沖まで南下してきた。それを上村第二艦隊巡洋艦四隻が発見し、「蔚山沖の海戦」となった。ロシア艦隊は反転し、一目散に北に向かって逃げようとした。その東側を併航して追いかけた日本艦隊は、朝日を背にして砲撃する。ロシア艦隊は一隻沈没、一隻は砲塔がすべて破壊、一隻は火だるまになってウラジオストックへ逃げ込んだ。

日本第三軍の旅順に対する陸上からの攻撃は、惨憺《さんたん》たる損害を受けながら、八月十九～二十四日に第一次総攻撃、九月十五～三十日、第二次総攻撃を行なった。だが陥落しない。

旅順を攻撃する一方、日本陸軍は、バルチック艦隊がウラジオストックに到着するまでにクロパトキン大将が指揮する在満州ロシア軍一六万を撃破しなければならなかった。

八月二十五日から九月三日の遼陽会戦は、両軍合わせて三〇万が戦った。有史以来の戦闘であった。参加兵力がこの戦闘よりも多かったのは、普仏戦争の「セダンの会戦」だけである。両軍の損害はほぼ同等であったが、ロシア軍は決戦を捨てて退却した。

## 日本軍が二〇三高地を奪取

十月十五日、ロシアでは、かねてから準備を進めていたバルチック艦隊のアジア回航がようやくととのい、ロジェストウエンスキー提督の指揮のもとにレヴェル港とリバウ港から出航した。

バルチック艦隊はイギリスのドガーバンクを通過するとき、日本の水雷艇の攻撃を受けるという誤情報で、イギリスの漁船数隻を砲撃して損害を与えてしまったために、イギリスはバルチック艦隊主力のスエズ運河の通過を拒否する。やむなくバルチック艦隊は、一部のフェリケルザム支隊がスエズを通過したが、主力はアフリカ南端の喜望峰を回ることになった。そしてマダガスカル島で再編成を行なった。

ロシアは、戦争の初期から計画していた回航であったが、航路途中の燃料、食糧、水の補給や艦隊整備を外国の港で受けることになるため、その外交調整に日時を失っていた。その外交交渉はことごとくイギリスに妨害されていたのである。日本は旅順攻略を急いだ。

日本第三軍は、十月三十日〜十一月一日に第四次、十一月二十六日に第五次総攻撃を行なったが、いずれも不成功に終わり損害が続出した。日本国内では乃木将軍に対する非難が巻き起こる。

そしてついに十一月二十七日～十二月五日の攻撃で、旅順の防衛線の要点二〇三高地を奪取した。ここから港内は一望できる。日本軍はここから逐次に要塞を占領しはじめ、一九〇五年一月二日に旅順は降伏して陥落した。

遼陽の会戦に敗北したロシア軍は、奉天《ほうてん》（瀋陽《しんよう》）の前哨陣地沙河《さか》の戦闘にも敗北し、いよいよ奉天に三方向から攻められることになった。

一九〇五年二月二十一日～三月十日「奉天の会戦」は両軍兵力の合計が六〇万を超える未曾有の大戦闘となった。ロシア軍は約一〇万（兵力の約三分の一）を失い、日本軍は約七万五〇〇〇（兵力の約四分の一）を失って日本軍の勝利に終わった。在満州ロシア軍は、はるか後方のハルビンへ退却した。もはや戦闘力はない。

## 全戦力を対馬・朝鮮海峡に投入

旅順の二〇三高地が日本軍に奪われた日に、ロシアはバルチック艦隊（第二太平洋艦隊）だけでは日本艦隊に勝てないと判断し、旅順の第一太平洋艦隊の損害を穴埋めするために、ネボガトフ少将の指揮する第三太平洋艦隊を編成し、バルチック海から第二太平洋艦隊を追って出陣させた。この艦隊の艦艇は、ロジェストウエンスキー提督が役に立たないと判断して残してきた旧式艦艇の寄せ集めである。

ロジェストウエンスキーは、マダガスカル島北端のノシ・べでバルチック艦隊四七隻の再編成を終えた。そして第三艦隊の到着を待つために無為に二カ月以上を過ごしたが、熱帯性気候に艦隊をさらしていることは兵士の士気と健康に悪影響を及ぼすことがはっきりしてきたので、三月十六日、第三艦隊の到着を待たずにインド洋横断に出発した。

バルチック艦隊は、四月八日、マラッカ海峡を通過した。その最後の寄港地はフランス領インドネシア（今日のベトナム）のカムラン湾であった。彼はここで戦闘準備を完成するつもりであったが、食糧不足に陥っていた。それでも第三艦隊を待つ。ついに五月九日、カムラン湾近くのヴァン・フォン湾に到着した第三艦隊を掌握した。

一方、東郷は、ロシア第一太平洋艦隊を撃破して日本周辺海域の制海権を奪ったので、全艦隊を佐世保に帰し、艦隊整備に専念した。勲功による昇任人事も行なわれた。艦艇の整備と部隊訓練は、バルチック艦隊の東航との時間の競走である。

東郷は、二月二十一日、第一艦隊と第二艦隊を率いて朝鮮半島の鎮海湾《チネマン》に移動した。第二艦隊はウラジオストック港外に機雷七一五個を敷設し、残存軍艦の封じ込めを開始した。旅順封鎖作戦のときに編成した出羽重遠《でわしげとう》中将の指揮する第三艦隊は、対馬の竹敷にある海軍用港に入る。竹敷は浅茅湾《あそうわん》のいちばん奥にあって外部からは見えない。現在は海上自衛隊の対馬防備隊本部がある。水深が深い鎮海湾も、周囲が島で囲まれて容易に艦隊を発見できない。

東郷は、日本列島をほとんど無防備状態にして、全戦力を対馬・朝鮮海峡に集中したのだ。その戦力は、戦艦四隻、装甲巡洋艦八隻、巡洋艦一五隻、装甲海防艦二隻、砲艦五隻、駆逐艦二一隻である。このほかに水雷艇が約四〇隻、仮装巡洋艦六隻、特務艦二隻、通報艦三隻があった。大胆にもほどがあるという戦闘力の集中である。

五月十四日、第二・第三太平洋艦隊を統括指揮するロジェストウエンスキーは、カムラン湾の出帆を発令した。その戦力は、戦艦八隻、装甲巡洋艦三隻、巡洋艦六隻、装甲海防艦三隻、駆逐艦九隻、仮装巡洋艦三隻、工作船一隻、輸送船一隻、石炭運送船六隻、病院船一隻であった。

五月十七日、ロジェストウエンスキーは二隻の仮装巡洋艦（商船）に日本の東岸を北上させ、主力がこのあとから津軽海峡を通過しようとしているように見せかけた。津軽海峡は潮の流れが速い。最大六ノットで日本海から太平洋に流れる。バルチック艦隊がこれに逆航して津軽海峡を通過すると、ウラジオストックまで八時間はかかるだろう。海峡の入口で日本軍が発見しても、日本の連合艦隊は鎮海から出撃して日本海でロシア艦隊と遭遇できる。またロジェストウエンスキーは二隻の巡洋艦を黄海《ファンヘ》に向かわせたが、これは戦術的偽瞞《ぎまん》の意味がない。

バルチック艦隊のカムラン湾出航を知った東郷は、

「わが戦場は対馬海峡だ！」

と腹を決めていたが、その後、バルチック艦隊の動静の情報はない。敵情不明の霧の中で戦機が満ちてくると感ずるかどうかは名将の勘である。

それだけではない。戦機が来る前の指揮官の態度が名将と凡将の分かれ目である。「平常心」をどれだけ保てるか、である。

## 「二〇三」に敵艦発見

五月二十五日、ロジェストウエンスキーは、中国のウースン沖で石炭運送船六隻を切り離して上海へ向かわせた。この情報はその日のうちに鎮海湾の東郷の手元に届いた。

「よし！　決まった」

バルチック艦隊が津軽海峡や宗谷海峡に向かうなら、途中で石炭を洋上補給する必要がある。戦闘を目前にして艦内いっぱいに石炭を満載する馬鹿はいない。

「敵は対馬に来る！」

東郷は戦場海域を碁盤の目のように小さく区切り、各マス目に海面番号を与えて全軍の海図を統一していた。そして予想決戦海域から半日行程の線に情報収集船を展開し、バルチック艦隊の接近を見張らせていた。

五月二十六日夜、月は真夜中ごろから昇ったが、切れぎれの雲が厚く、海面は光ったり黒くなったりした。やがて霧がバルチック艦隊を包む。

「しめた！」

ロジェストウエンスキーは旗艦「スワロフ」で霧が続くのを祈った。灯火を管制している艦隊は、自己位置を後続艦に示す灯だけをともしている。各艦は霧の中の小さな赤い灯を追って航行する。

あと数時間で対馬海峡に入る。乗組員は激しい海戦を覚悟していた。幸運にも見つからずにウラジオストックに入港できると期待しているものは誰もいなかった。どの顔も緊張で引きつっている。

五月二十七日、夜明け前の午前三時半、艦隊最後尾を航行する病院船は、二本煙突の不審船が変針しつつ霧の中に消えていくのを見た。その船は仮装巡洋艦として哨戒中の「信濃丸」であった。対馬の南端から約一〇〇キロ南西、五島列島の沖である。

警戒線部隊の予備として付近を遊弋《ゆうよく》していた日本の巡洋艦は、待ち焦がれていた恋文のように「信濃丸」の電文を受け取った。

「敵艦隊二〇三に見ゆ。対馬東水道に向かうもののごとし」

敵艦の発見海面番号は偶然の一致なのだろうか、旅順要塞を攻略する決め手となった二〇三高地と同じである。

それから一時間半後の五時、旗艦「三笠」が鎮海湾《チネマン》から出陣し、連合艦隊に戦闘展開を発令した。各艦は甲板に積んでいた増加石炭を海中に捨て甲板を洗って水をまいた。そして血のりで足が滑らないように砂をまく。

さらに体を洗って下着を取り替え、清潔な制服に着替えた。儀式のためではない。負傷したときに傷口にばい菌が入らないためである。

## 世界にも類を見ない日本軍の圧勝

連合艦隊主力は対馬海峡の東北側に展開して戦機を待った。戦艦四隻、装甲巡洋艦八隻の単縦陣である。速度が同一のものだけを選んでいる。

日本艦隊はバルチック艦隊の接近に伴い、約八〇キロの地点から無線傍受で敵が二列の縦陣で北東に航行していることを知った。

バルチック艦隊は新鋭艦四隻を右側に縦陣、先頭をそろえて左側に旧式艦八隻を縦陣の二列縦陣にした。速度の合わないその他の艦艇は側衛や後衛などに運用する。日露両艦隊主力は偶然にも一二隻ずつになった。

当時、視程はわずかに約九キロ、対馬海峡は荒れて波高く、小艦隊は戦闘不可能であった。東郷は駆逐艦・水雷艇の主力を対馬の浅茅湾に退避させた。

もう水雷攻撃などの小細工は必要ない。主力艦艇相互の砲撃戦が勝負である。午前七時ごろから、日本の巡洋艦がバルチック艦隊を視界いっぱいに見えるほど遠巻きにして、四周から執拗につきまとうように接触を始めた。

バルチック艦隊は対馬と壱岐の中間を通過した。進路を北北東に変え、ウラジオストックに向かい、対馬東水道から直進の態勢をとる。速力九ノット（時速約一六キロ）。昼ごろ対馬沿岸を無事に通り抜けた。バルチック艦隊の乗組員たちは、いくぶんか緊張を解き、ゆっくりと昼食を楽しんだ。だが、これが最後の午餐だった。

午後一時十九分、対馬の北東で待ち構えていた東郷は、南南西から東北東に前進してくる二縦陣のバルチック艦隊が霧の中から浮かんでくるのを発見した。両軍とも右舷に敵艦影を見る。日本艦隊の速度は一五ノット（時速約二七キロ）。互いに向かって前進しているので相対的には、約二四ノット（時速約四四キロ）で距離が縮まる。海戦や戦車戦では、速度が戦術的に決定的な要素である。

三十六分後の一時五十五分、東郷長官は右手をあげて空中に半円を描き、伊地知艦長に対して、

「取舵いっぱい！」

と命令。縦陣の艦隊は旗艦「三笠」を先頭にして時計回りに針路を九〇度に切った。「T形戦

術」である。そして艦橋には信号旗がするすると昇る。

「皇国の興廃この一戦にあり、各員いっそう奮励努力せよ」

バルチック艦隊の戦列を構成していた一二隻の戦艦のうち八隻が撃沈され、四隻が捕獲された。巡洋艦は四隻が撃沈され、一隻が自沈し、三隻はマニラまで逃げて抑留された。駆逐艦四隻が撃沈され、一隻が上海に逃れて抑留された。そして二隻がウラジオストックに逃れた。日本艦隊は水雷艇三隻を失ったにすぎなかった。完勝である。

日露戦争を戦った軍人たちは、国を守った。国防線と決戦戦場を知っていたのだ。二十世紀において、砲撃戦による海戦でこのように決定的な勝敗の結果を生んだ海戦は世界の軍事史にない。東郷提督の名前は世界中に知られることになった。

# 第五章 二十一世紀の国防戦略

海上自衛隊

## ペロポネソス戦争の教訓

海洋国家の国家戦略を考えるとき、紀元前に地中海で戦われたペロポネソス戦争は教訓が多い。対ペルシャ戦争のあと、紀元前四八一年ごろ、スパルタはギリシャの陸軍国をまとめて「ペロポネソス同盟」を組んでいた。しかし、海軍国アテネは、いっそう海上交易に依存するようになり、特に穀物の輸入を黒海地域に求めるようになってから、小アジアのギリシャ植民地を支援しつづけ、四七八年、アポロンの神殿のあるエーゲ海のデロス島にちなんで「デロス同盟」を結成した。そしてスパルタの軍事優先政策の寡頭政治を非難した。スパルタでは、農奴が仮借ない圧政を受けていたのだ。

一方、スパルタは、アテネが国内では民主政治をうたいながら、デロス同盟傘下のギリシャ植民地に対しては独裁的であることを非難した。

この二つのタイプの国の国内外政策は、そのまま今日まで世界の傾向として続いている。大陸国家は専制主義的な国内政策をとり、隣国に対しては、つとめて内政不干渉の対外政策をとる。スパルタの指導する都市国家の集合体は、次第に地域国家（連邦制）の様相を見せつつ拡大を始めた。このような覇権国家のパターンは、その後の世界の普遍的な傾向となる。かつての中国の歴代王朝と中華思想、ソ連と共産主義、今日の欧州連合（EU）も同じような傾向を示している。

一方、海洋国家は、制海権を維持するために外国の航海を統制しようとし、また貿易相手側の交易ルールを統一しようとする傾向がある。一種のグローバリゼーションであるから当然内政に干渉する。このパターンはそのまま今日の米国に当てはめることができそうだ。

ギリシャは「国内では民主、対外的には独裁」のアテネ海軍国と、「国内では専制、対外的には国家自決」の旗頭スパルタ陸軍国の対立という情勢になり、紀元前四五七〜四〇四年の半世紀に及ぶスパルタとアテネの覇権争い、「ペロポネソス戦争」になった。

アテネの繁栄を築いたペリクレスは、陸上では持久作戦、海上では攻勢作戦の方針でスパルタに対抗した。内陸深く侵攻することは徹底的に戒めた。

アテネの海上の攻勢作戦は、今日の米軍の「フロム・シー戦略」の元祖で、主導的に「ヒット・エンド・ラン作戦」をペロポネソス半島の沿岸に仕掛けてスパルタを悩ませた。スパルタは対応できずに翻弄されたのだ。

海洋国家と大陸国家の戦争は簡単に決着がつかない。お互いに戦争の主な手段が違うために「決戦」が起きないし、いずれの側も相手側の生存の基盤を破壊できないからである。

ところがこのとき、名指導者ペリクレスが疫病で病死した。このあとアテネは民衆の自由意思を尊重すると称し、必要性や理想論を振りかざして大衆に迎合する「デマゴゴス（Demagogos＝

群衆指導者）」たちが政治を牛耳った。彼らは戦略無知な「デマゴーグ（Demagog＝煽動政治家）」だったのだ。

アテネの煽動政治家たちは、陸地奥深くで陸軍による攻勢作戦を行なわせ、奥地の反スパルタ勢力と同盟を結び、その支援のために、どんどん陸戦の泥沼に引き込まれて戦力を消耗した。それに懲《こ》りずにアテネはシシリー島のシラクサがアテネの交易地を圧迫していたので、シラクサ攻撃を敢行した。この作戦に失敗したアテネはスパルタに敗北した。

## 異質な戦争を同時並行して戦った日本

日露戦争が終わったあと、一九一〇年に日本は韓国を併合する。これで日本の国境は鴨緑江《アムノッカン》になってしまった。韓国を併合しないで連邦制にする案もあった。連邦制にしておけば、鴨緑江は日本の国境線ではなく国益線で済んだのだが、併合してしまったために国防線はさらに満州の中に引くことになってしまった。すなわち、日本は大陸国家と海洋国家の両棲国家になってしまったのだ。海洋国家の陸軍は「遠征軍」という海兵隊であるべきで、その作戦は「ヒット・エンド・ラン」でなければならない。地域を占領するのは歴史の教訓に反している。豊臣秀吉の失敗から何も学んでいない。

日本はアテネの失敗をそのまま実行した。大陸国家に自国の明治維新を輸出しようとしたのだ。「大陸国家は内政干渉を極度に嫌う」という原則に反して、日本は中国に内政干渉しようとしたのである。

しかも、海洋国家が大陸の地域を占領すれば、国力を消耗する。にもかかわらず、日本は実質的に朝鮮半島や満州を統治しようとした。

対馬海峡を往来する人口は急速に増大する。第二次世界大戦で、日本は太平洋戦争という海洋国家相互の戦争と、中国からベトナム、マレー半島、ビルマ（現ミャンマー）という大陸国家に対する戦争という二つの異質な戦争を同時並行的に戦った。勝利する可能性はほとんどなかったといってよい。ペロポネソス戦争のアテネよりもっとまずい戦争であったのだ。

第二次世界大戦が終わるまで、海峡を移動した人口は三〇〇〇万を下らないだろう。敗戦のときに日本の兵隊は約六六〇万が海外にいた。約一年半で五五〇万が日本に帰国した。広島の宇《う》品《じな》港から出征し、敗残兵として宇品港に帰ってきたのだ。残り一一〇万の人々の帰国は一九五八年までかかった。それでもなお多くの日本人が海外に残されている。

## 朝鮮戦争におけるアメリカの失敗

一九五〇年、朝鮮戦争が勃発した。北朝鮮軍の奇襲侵攻を受けて、韓国は雪崩を打って敗退し、南下する。

当時、日本には米陸軍四個師団がいた。そのほかに第五空軍と第七艦隊の空母機動部隊が展開していた。この北朝鮮軍の奇襲を受けたトルーマン大統領は、

「雑草は若芽のときに摘まないと、庭中にはびこって始末のつかないようになる」

という歴史の教訓を考えて、韓国における米国の覇権を守る決意を固めた。しかし、政治家は米軍の行動を三八度線以南に限定したのだ。一方、マッカーサー元帥は、戦いの論理を貫いた。第五空軍に「北朝鮮の空軍基地を叩け！」と命令した。また、第七艦隊も注文津《チュムンジン》沖で北朝鮮の魚雷艇二隻を撃沈するとともに、平壌《ピョンヤン》を空爆した。

戦域は戦いの論理で定めるものであって、政治の論理で限定するものではない。作戦行動を三八度線に限定して三八度線以南の敵を撃破することは不可能で、「勝利なき戦い」になる。同じ失敗は鴨緑江でも行なわれ、朝鮮戦争は三年間も続くことになった。その印象を今日も引きずっていて、北朝鮮と戦えば「終わりなき戦争になる」と推測する軍事素人が多い。この政治の失敗はベトナムでも行なわれた。そして今、日本の政治家が同じ失敗を犯している。

急いで日本から釜山へ空輸された米陸軍の先遣隊も、北朝鮮の攻勢を止められない。ようやく北朝鮮軍の進撃を食い止めることができたのは、小白山脈《ソベクサンメク》の南側、洛東江《ナクトンガン》の線である。軍事史家はこれを「釜山《プサン》橋頭堡」と呼ぶ。対馬海峡はふたたび朝鮮半島と日本を結ぶ太いシー・レーンとなった。

国連軍を指揮するようになったマッカーサー元帥は、釜山橋頭堡に北朝鮮軍を釘づけにしておいて、九月十五日、主力部隊を率いて北朝鮮軍の背後の仁川《インチョン》に上陸作戦を敢行した。これで戦勢は逆転した。

日本に自衛権すら認めないと考えていたマッカーサー元帥は、急遽、日本に警察予備隊の創設を要求し、自衛権の保有を認めるようになった。対馬海峡はふたたび日本の国防を呼び覚ましたのだ。

## 海洋国家の条件とは

それから三十有余年が過ぎた。韓国軍の「世宗《セジョン》戦略研究所」から招かれてセミナーで講演したとき世宗研究所の人たちは異口同音に、

「黄海《ファンヘ》から山東半島、遼東半島への海路はビジネス海路だが、対馬海峡はストレスを運んでくる」

と無意識に感ずると言う。現実の韓国は、北側が軍事休戦線で閉ざされて交流がない。だから今日の韓国の繁栄と生存は完全に海洋交易、すなわちシー・レーンに依存している。しかし、国民の心情は海になじまない。それだけ心の中に矛盾と葛藤があるようだ。それゆえ韓国と中国の国交が回復すると、国民の心情は大陸に磁石があるように引っ張られていく。

その磁力「プラス」方向は時間とともに強くなる。それだけ対日、対米感情は「マイナス」になる。それは対馬海峡を隔てた長い歴史が育成してきたものだから、わずか半世紀や一世紀で変わるものではないだろう。

対馬海峡の戦史を通して海洋国家の条件を浮き彫りにすることができる。それは、

①海洋交通の要衝を占める戦略的地勢
②基地の戦略的展開
③国民の海洋民族性
④政権の海洋政略力

である。そうとすれば、対馬海峡の戦史から学ぶ第一は、日本の国境線の設定である。

日露戦争において、ウラジオストックのロシア艦隊が太平洋側に進出し、日本の貨物船を撃沈した。日本の国民は朝野をあげて、日本海軍は日本を防衛していないと非難した。第二次世界大戦においては、沖縄や硫黄島が戦場になった。沖縄の人々や硫黄島に関係ある人々は、当時も今も、帝国陸海軍が日本を防衛したとは思っていない。

日本人はこの過去の事実を顧みることだ。いざとなれば、憲法がなんであろうと、国土が戦場になれば国民は政治家が国防を果たしたと認めない。政治家と法律家はこのことを厳粛かつ深刻に受け止めなければならない。

## 国防線の設定

ローマ帝国の初代皇帝オクタビアヌスは、ライン河を国境と定めた。この国境に敵を一歩も踏み込ませないために、国防計画の中で国防線をエルベ河の線に設定した。もちろん、この国防線の設定は極秘である。そしてエルベ河とライン河の間を国防緩衝地帯とし、敵軍がこの地帯の中で作戦の構えを見せると、ただちに防衛作戦を発動し、国境の前方で敵軍を撃破した。

今日、この思想は大陸国家の常識として採用されている。そのため国境を接する大陸国家では、隣接国と対立関係にないかぎり、国境線に沿って陣地を構築したり、部隊を攻勢に出るような態勢で集結することはしない。隣接国がそのような態勢をとれば、事実上の宣戦布告とみなし、ただちに自衛戦争を発動するのが常識である。

海洋国家ではどうか？　十六世紀末に英国海峡の海戦でスペインの無敵艦隊を撃破した英国のサー・フランシス・ドレイク提督は、

「英国の国防線は、英国の海岸でもなければ、海峡の真ん中でもない。それは大陸側の港の背中にある」

と名言を残した。港の背中とは、港を陸上から攻撃するため戦術的に最小限必要とする地域である。英国はそれ以来、この名言を国防計画の基本にしている。日本の国防線も、日本の西側についてはこのドレイク提督の言葉のとおりでなければならない。はからずも、日清戦争、日露戦争はその原則のとおりに推進された。北条時宗も海戦で国防する案を考えたのだ。そして、日本は今日でも国防線を対岸の港の背中に設定しなければならない。

国境と国防線が一致すると、国防軍は一本の線の上で自衛戦争をすることになる。それは不可能な話である。

ところが、今日の日本の防衛計画は、その非常識を本気に考えている。防衛作戦を国境の前方で行なえば憲法違反であるというのだ。

その証拠に、陸上自衛隊は国土作戦を防衛作戦と誤解して準備している。海洋国家の陸軍は基本的に「海兵隊」であり、「遠征軍」なのに……。

あきれたことに、今の政治家は国土を戦場にする場合の「有事立法」を考えている。国土を戦場にすることは国防の失敗である。国土が戦場になれば、国民の生命を守ることが基本的人権や国民の自由を守ることより優先するのは当たり前で、それは憲法が無効状態になることである。有事法制はこんなことのために立法するのではない。

## 日本における国防戦略のあり方

対馬海峡の戦史を見てきたとおり、国防線と国境の間で、「外部の武力が攻撃の態勢をとっていると戦理的に判断された場合（外部から武力攻撃を受けるおそれがある場合）」に防衛作戦を発動するのが原則であり、世界の常識である。

「外部から武力攻撃を受けた場合」に、初めて自衛のための戦争を発動することは、脅威の判断を見誤ったか奇襲を受けた場合ということであり、指導者は処罰されるべき事態だということである。日本の先人たちは、そのような奇襲を受けたことはなかった。一九四二年四月、第二次世界大戦における米海軍は敗勢の中、わずかの爆撃機で東京、横須賀、名古屋、神戸を爆撃した。山本五十六連合艦隊司令長官は、「国土を爆撃されたことは国防を全うしていない」として、戦争の転機となった運命のミッドウェー海戦を計画したのだ。

日本の国防戦略は周辺海域の制空・制海権の支配と対岸の封鎖であり、遠征陸軍によるヒット・エンド・ラン作戦（フロム・シー戦略）と要約できるだろう。

元寇に対処した北条時宗、日清戦争、日露戦争の指導者たちは、平時においてむやみに「脅威対応型」の軍備を目指したわけではない。明治の指導者たちは、西欧軍隊の「戦闘ドクトリン」の習得に精いっぱいであった。そして、そのドクトリンを習得するに必要な最小限の軍備を目指した。

端的に言えば、平時体制の軍隊を育成した。その代わりに、有事における自衛のための「国防戦争計画」を作成し、有事になればその計画に基づいて戦力を急速に造成することができるように、「有事動員計画」を作成しておいたのである。

有事法制の中心的課題は、国境の前方において外部の武力を撃破する作戦計画を実行できるように、また、それに必要な戦力を有事動員できるように有事法制を整備することにほかならない。国土を戦場にして戦う場合の有事法制よりも、国土を戦場にしないための戦力造成と作戦のための有事法制を優先するのが世界の常識である。

鎌倉幕府や明治の日本政府は、国際情勢の推移を適切に判断し、少なくとも一年前から自衛戦争の準備を国家として発動した。

このような方法は世界の常識でもある。ところが、今日の日本はまったくこのような考え方で国防の計画を作成していない。

さらに、海洋国家の国防インフラストラクチャーは、海空軍基地を広域に戦略的配慮で数多く展開しておくことである。その点から日本の海空軍基地の配置を再検討し、整備しなければならない。そのためには、もう一度対馬海峡の戦史から二十一世紀の日本の国家戦略、国防計画を再建したいものである。

# あとがき

英国海峡、ジブラルタル海峡、台湾海峡とバシー海峡、そして日本海海戦で有名な対馬海峡について戦跡を訪ね、海峡の戦略的な意義を探りたいとかねてから考えていたところ、PHP研究所新書出版部の佐々木賢治氏から、それならまず対馬海峡から始めてはどうかとの話があり、戦史を中心に研究した。

対馬海峡は、日本の歴史において唯一海外と交際する窓口であった。どの戦史をとっても、海洋国家としての日本が国家戦略を作り上げていくうえでの貴重な教訓を残している。

たまたま、米・イラク戦争に引き続いて北朝鮮の核武装問題と、日本人拉致問題が時局の焦点になっていたので、佐々木氏から朝鮮半島にいかに対面していくべきかを冒頭に記述してはどうかと話があり、第二次世界大戦後の日米安保体制から一つの「転機」が求められていることを示唆することにした。

また、対馬海峡の戦史を通して、日本の防衛に役立つ教訓を最後にまとめることも勧められた。確かに日本は「国を守るための戦略」さえも樹立できない異常な状態にある。

国際政治では、「外交と軍事は車の両輪」で働くが、日本の軍事力は機能的に完結していないので役立たない。その自衛隊を育成する「基盤的防衛力整備構想」は世界の非常識な方針だから、日本の防衛力は抑止力もない。せめて「国土を戦場」に想定するような愚行だけは是正してもらいたいものである。

# 参考文献

*The Encyclopedia of Military History* R. E. Dupuy & T. N. Dupuy, Harper & Row 1970
*The Harper Encyclopedia of Military Biography* T. N. Dupuy, Harper Collins 1992
*Warriors' Word* Peter G. Tsouras, Cassell Arms Armour, USA 1992
*Nanjung Ilgi*（乱中日記）李舜臣、延世大学、一九七七
*Imjin Changoc'ho* 李舜臣、延世大学、一九八一
*The TIDE at SUNRISE, A History of the Russo-Japanese War* Denis & Peggy Warner, 1976
　訳者／妹尾作太男、三谷庸雄、『日露戦争全史』時事通信社、一九七八
『日本戦史―朝鮮役』大本営参謀本部、村田書店、一九二四
海上自衛隊幹部学校　戦史研究資料（非公開）

写真提供
読売ニュース写真センター
ＰＡＮＡ通信社
毎日新聞社情報サービスセンター

PHP新書

PHP INTERFACE
http://www.php.co.jp/

松村 劭［まつむら・つとむ］

1934年、大阪生まれ。防衛大学校卒。陸上自衛隊幕僚監部情報幕僚、作戦幕僚、防衛研究所研究員、西部方面総監部防衛部長などを歴任後、1985年に退官。在職中は在日米軍との共同作戦計画にも携わった。元陸将補。米国デュピュイ戦略研究所東アジア代表。英国国際戦略研究所所員。専門は戦略・戦術研究、情報分析。
著書に『戦争学』『新・戦争学』『ゲリラの戦争学』（以上、文春新書）、『戦術と指揮』（文春ネスコ）、『日本人は戦争ができるか』（三笠書房）、『悪の国防学』（太陽企画出版）などがある。

# 海から見た日本の防衛

（PHP新書259）

対馬海峡の戦史に学ぶ

二〇〇三年八月六日 第一版第一刷

著者——松村 劭
発行者——江口克彦
発行所——PHP研究所
東京本部——〒102-8331 千代田区三番町3-10
新書出版部 ☎03-3239-6298
普及一部 ☎03-3239-6233
京都本部——〒601-8411 京都市南区西九条北ノ内町11
組版——有限会社エヴリ・シンク
装幀者——芦澤泰偉＋野津明子
印刷所
製本所——図書印刷株式会社


ISBN4-569-62948-2

# ＰＨＰ新書刊行にあたって

「繁栄を通じて平和と幸福を」(PEACE and HAPPINESS through PROSPERITY)の願いのもと、ＰＨＰ研究所が創設されて今年で五十周年を迎えます。その歩みは、日本人が先の戦争を乗り越え、並々ならぬ努力を続けて、今日の繁栄を築き上げてきた軌跡に重なります。

しかし、平和で豊かな生活を手にした現在、多くの日本人は、自分が何のために生きているのか、どのように生きていきたいのかを、見失いつつあるように思われます。そして、その間にも、日本国内や世界のみならず地球規模での大きな変化が日々生起し、解決すべき問題となって私たちのもとに押し寄せてきます。

このような時代に人生の確かな価値を見出し、生きる喜びに満ちあふれた社会を実現するために、いま何が求められているのでしょうか。それは、先達が培ってきた知恵を紡ぎ直すこと、その上で自分たち一人一人がおかれた現実と進むべき未来について丹念に考えていくこと以外にはありません。

その営みは、単なる知識に終わらない深い思索へ、そしてよく生きるための哲学への旅でもあります。弊所が創設五十周年を迎えましたのを機に、ＰＨＰ新書を創刊し、この新たな旅を読者と共に歩んでいきたいと思っています。多くの読者の共感と支援を心よりお願いいたします。

一九九六年十月

ＰＨＰ研究所

# PHP新書

## ［歴史］



## ［政治・外交］

**[地理・文化]**